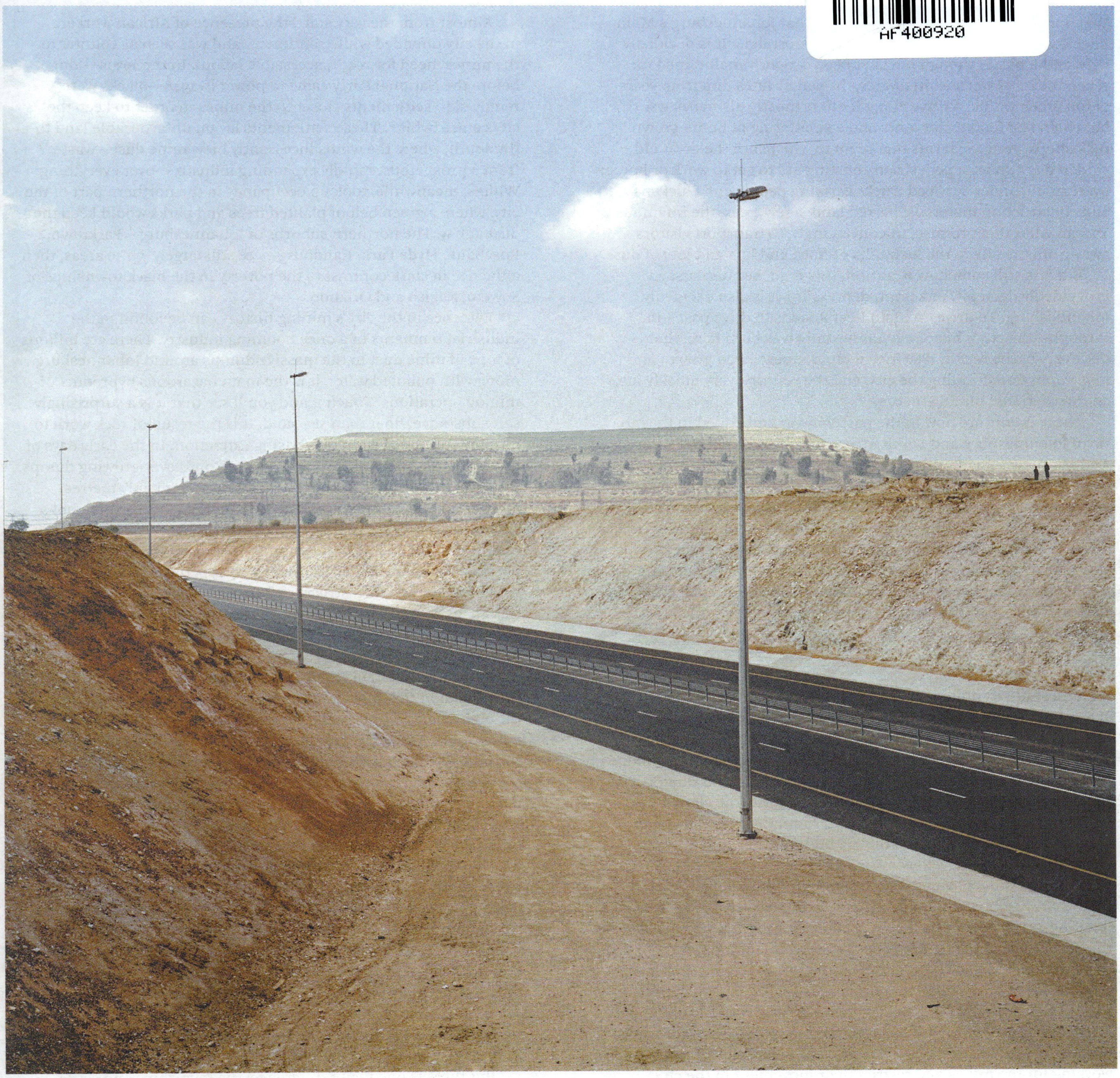

After the Mines

Jason Larkin

Fourthwall Books, 2013
ISBN 9780987042934

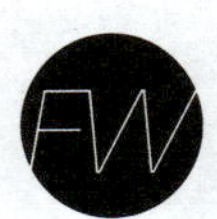

Essay by Mara Kardas-Nelson
Translated by Thandiwe Nxumalo Kunutu

On appearances alone, it seems strange that Johannesburg's Main Reef Road would provoke any longing or nostalgia. It is decidedly ugly, and looks as though it hasn't been properly maintained for years: the tar is worn whitish-grey, the yellow lines dim from years of too much traffic. A drive along it offers mostly dismal views: big-chain fast food restaurants and a smattering of home-grown tuck shops; garages; farms that seem to whisper of the great old golden days; shacks; pedestrians busting ass to get to work or home; overloaded, under-serviced trucks carrying people and chickens and construction materials; barren land; a few trees; the infamous Tuscan villas that promise, unconvincingly, to transport visitors away from the city to the lush hills of Italy; and lots and lots of dust.

But it is still somehow beautiful, this road, because just as it is decidedly decrepit, unkempt, depressing, it is also decidedly Johannesburg. To drive on Main Reef Road is to drive past—in, through—the city's history. Johannesburg was born here: the discovery of the reef in 1886 fueled rapid, unexpected growth and migration, transforming the city, and the country, very quickly into an international mining mecca.

These events are now in the past, forever embedded in the fabric of Johannesburg and South Africa. But they are not forgotten. And Main Reef Road's dusty face makes sure of that. As you drive from east to west on its 160 kilometre-long stretch from Kagiso to Roodepoort to Florida and into the Johannesburg city centre, you are met, unavoidably, with the big, omnipresent golden-glow heaps that line South Africa's largest metropolis. The mine dumps, also known as tailings, are everywhere. These blonde giants are a constant reminder, welcome or not, of the past, and of what Johannesburg, and the country, must face going forward.

Johannesburg is, quite literally, built on gold: it sits atop the Witwatersrand Basin, one of the largest deposits of the precious metal in the world. Although most of the basin's once extensive deposits are now gone, everything in the city stems from its mining past. The grey vertical faces of the Anglo American and Chamber of Mines buildings are landmarks in the city centre; the city's ever-booming banking sector was originally financed by and made to support the mining industry; the M2 highway that skirts the city sits atop old, crusted, yellow mine dumps.

Mining's most obvious—and seemingly permanent—mark on the city can be found in its physical and racial landscapes. Johannesburg's layout traces the labour patterns and policies that were fueled by the mining sector. When diamonds, and then gold, were found in what is now the Johannesburg area in the mid-19th century, mine managers relied on cheap, unskilled African labour to dig for deposits. To house and control this labour force, the mining companies established the infamous, male-only dormitories, or hostels, and a pass system to identify Africans working for the mines and restrict their movement in the city. Those not accommodated in the hostels found shelter in the city centre, located—as it still is—away from the immediate dirt and dust of the mines, but close to work and amenities.

Almost from the very start, the presence of African workers in the city offended white sentiment, and was seen as counter to the mines' need for ready, accessible labour. In the 1930s—long before the National Party came to power in 1948—blacks were removed to settlements closer to the mines in order to keep the city centre 'white'. These settlements lay on unfavourable land to the south, where the winds incessantly blew mine dust—waste from a prosperous, rapidly expanding industry—over everything. Whites, meanwhile, took up occupancy in the northern part of the city, where a green belt of planted trees and parks would keep the dust at bay. The northern suburbs of Johannesburg—Parktown, Rosebank, Hyde Park, Randburg—are still largely white areas, their affluence in stark contrast to the poverty in the black townships of Soweto, Kagiso and Orlando.

Evidence of the city's mining history can be found in the industrial remnants of a once booming industry. There are billions of tons of mine dust in the massive dumps around Johannesburg. Along with polluted water, it is the main hazardous byproduct of mining operations. Touch it and you'll see that it is a surprisingly soft substance, finer than sea sand. It is the result of rock worn to nothing through steady, pulverising extraction. In the early days of the gold rush, mine waste was deposited onto ever-growing dumps, sometimes only metres from an active mine, and only metres more from encampments and hostels. It wasn't a city then, but a small, struggling community of hopeful prospectors, a migratory, seemingly expendable population trying to extract gold as fast as possible for an insatiable international appetite. Gold was for *now*. Development and infrastructure followed piecemeal. Planning was an afterthought. The mines, marked by the piles of dust that steadily grew beside them, were built haphazardly where the metal was struck.

Surprisingly, Johannesburg didn't experience the boom-bust phenomenon that other mining towns did. The industry—and the city—showed unexpected longevity. Its huge gold deposits made South Africa the world's largest producer of the metal until the mid-1990s. Underground wealth transformed the landscape—that had hosted indigenous people for centuries, and then small, defiant groups of settler-farmers precariously clinging to the land—into Africa's biggest city. And while the sector remained omnipresent, the city wasn't limited to mining, the profits of which fueled the manufacturing and banking industries, both key to economic growth. In defiance of the steady depletion of gold deposits, the city continued to flourish, drawing labour from the region and business from around the globe.

As Johannesburg changed, the legacy of apartheid ensured that the pattern of segregated living largely remained the same. Many of the country's poorest—mostly black South Africans and other Africans—continue to reside close to mining sites, either in the city's many townships, or in the sprawling and proliferating informal settlements.

But there is one major difference: the townships and settlements of today are situated not near operational mines, but instead near *mine waste*. Fluctuating gold prices and the need to mine for ever-deeper reserves have led to the inevitable decline of South

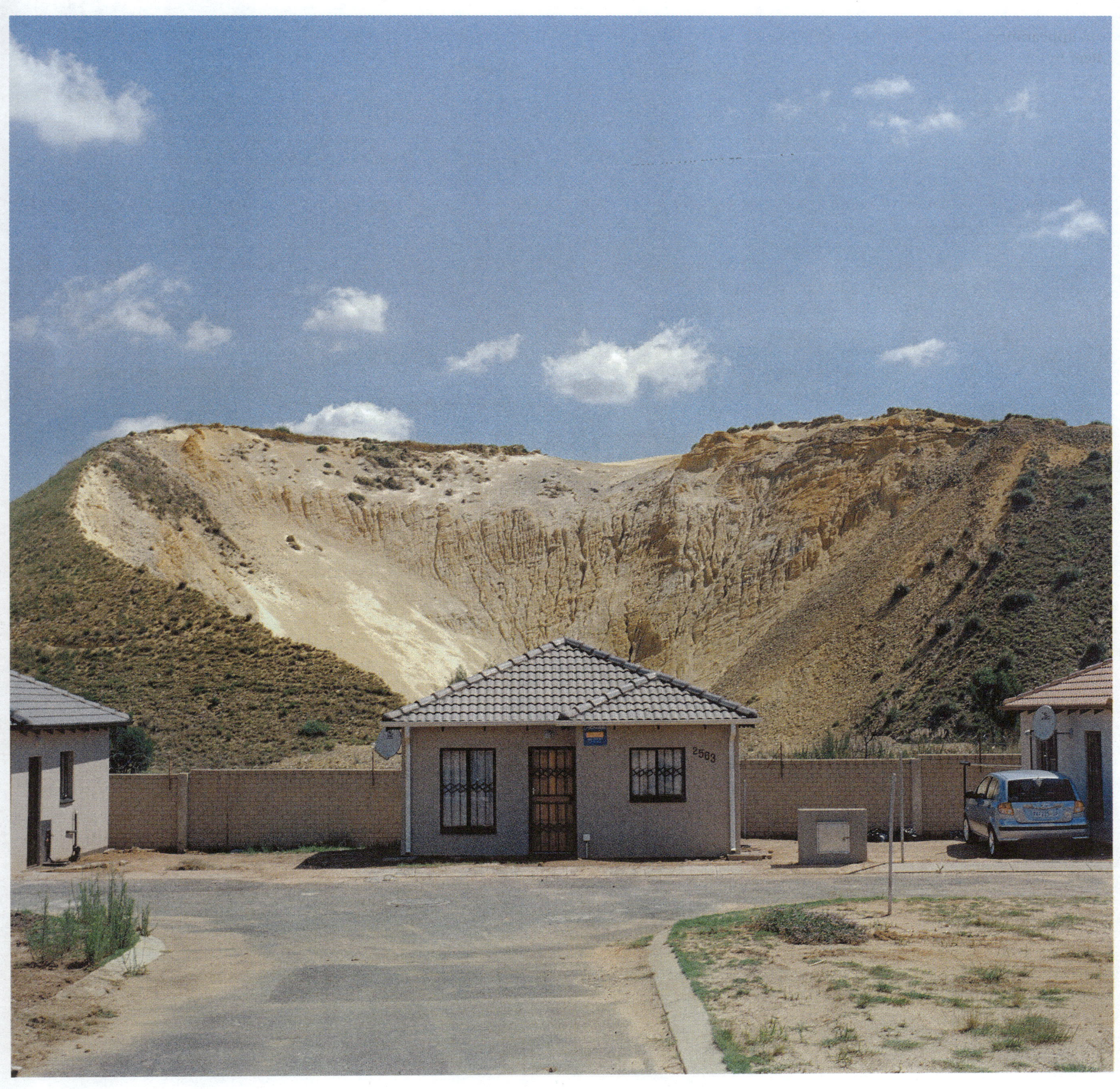

New affordable housing constructed in front of a large mine dump that is being reprocessed for gold. Many commercial and residential developments are near, or on, old mining sites containing hazardous waste.
Aalwyn Road, Riverlea, Johannesburg

Izindlu ezitsha ezakhiwe ngaphabili kwendunduma yemayini esetshenziselwa igolide. Izakhiwo zamabhizinisi nezindawo zokuhlala ziseduze nezimayini ezindala eziphethe ubuthi.
Isitaladi u-Aalwyn, Riverlea, Johannesburg

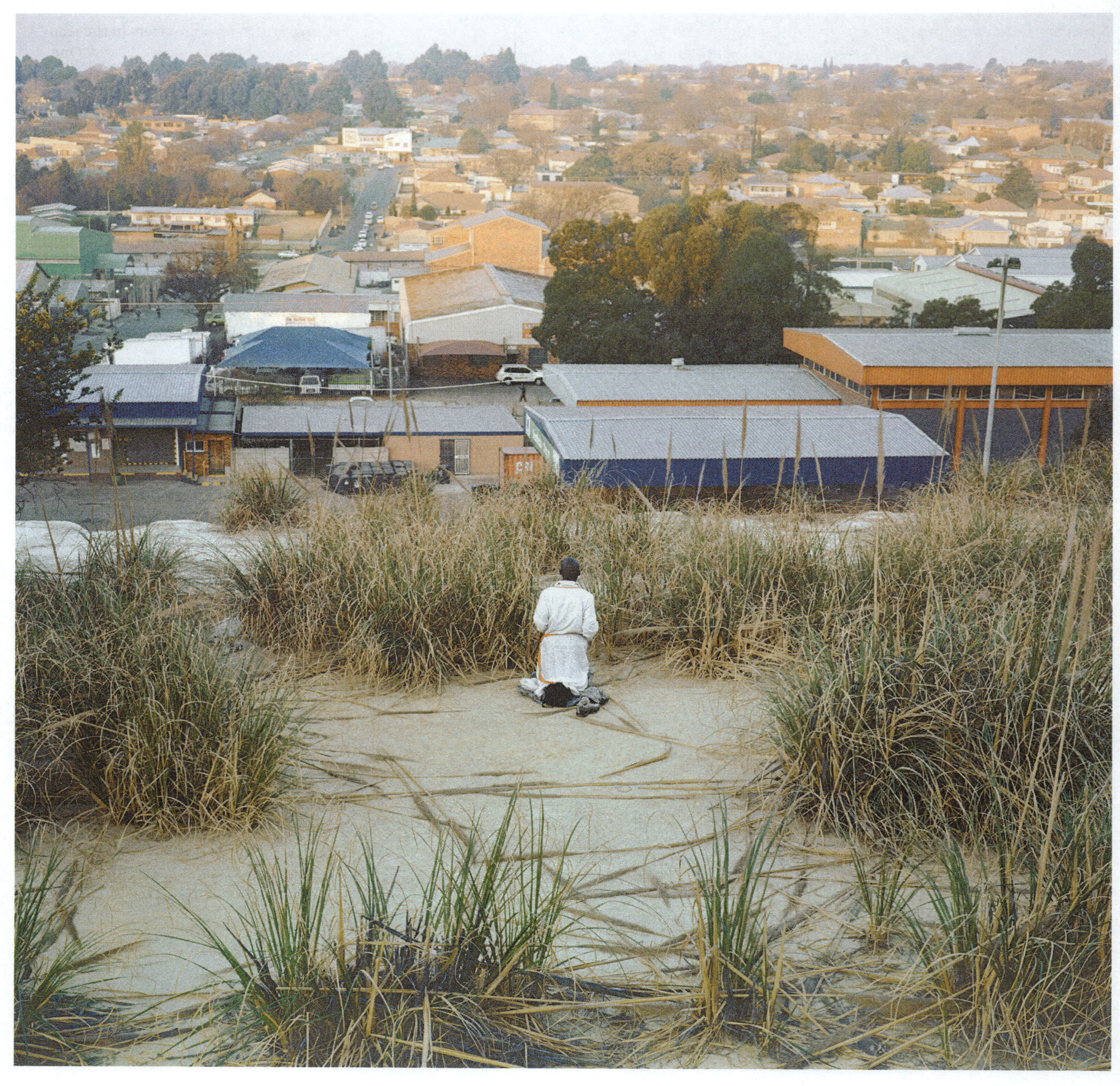

Africa's finite gold mining industry. When the gold price hit yet another low in the 1990s, many of the last remaining mining giants fled the country, abandoning their operations, selling their assets or dissolving into a series of smaller, often overlapping companies. The sector seemed to have been dealt a death knell. But the dumps—also known as tailings dams—remained. Initially just an afterthought, the dumps are now part of the city's physical and social identity.

There is no Johannesburg without mine dumps. Fly over the city, and you see them everywhere: next to Soccer City, near the city centre, snuggled next to China Mall, and out in the hinterland beside the city's few remaining farms. Many have been dormant for years. On top of some, straggly nets keep the dust down on windy days. On others, determined little green spots tickle the sides and tops of the mountains, evidence of attempts at growing vegetation to keep the dust and erosion at bay. Others are barren, the tallest among them standing proudly against the skyline, passive monoliths watching quietly over the city.

But there is bustling life here. Sandboarders use the dumps as an inner-city playground, claiming that the fine consistency of their dust makes them a better ride than even the famous dunes of Namibia. Religious adherents seek peace and quiet here. And the dumps have served as venues for artists' exhibitions, photo shoots and movie sets.

More importantly, many poor people have made their homes in and around these dunes. Informal settlements dot the bases of the dumps; some are perched precariously on top of them. They house some of South Africa's most vulnerable, including recent African immigrants and South Africans who have come to the city in search of work, following a pattern of migration that has been replicated for over a century. Nearly 2 million people live on or near the 6 billion tons of mine waste contained in the city's hundreds of dumps.

Such mine dump settlements often form organically, with those looking for land and shelter occupying space wherever they can. The dumps are surprisingly attractive, as many are near train tracks and highways—part of a transport system that brought gold from the mines to the refineries—which is critical for those commuting to work in the big city. Additionally, many dumps, and the land on which they sit, have been ownerless and vacant since the great abandonment of the 1990s, making them ideal for the poor, the homeless, the entrepreneurial—those seeking scarce, affordable land in an increasingly overwhelmed city. Some of the settlements have strange origins. In one, a handful of lonely shacks stands between two enormous mine dumps in the middle of Johannesburg's central business district. The residents, a group of men, were housed there by their employer, a construction company, nearly two decades ago. They were moved from the city's hostels when violence broke out between Inkatha Freedom Party (IFP) and African National Congress (ANC) supporters in the lead-up to the first democratic elections. They have never moved. One enterprising resident makes money by allowing a wealthy man to keep his hunting dogs in a small pen next to his shack. Much to his neighbours' chagrin, he lets the dogs roam freely on the dump, exercising them between their weekend hunting jaunts.

As in many of the city's informal settlements, residents are largely left to their own devices. There is scant electricity here, and a toilet or two serves a group of people. Residents are likely to see government representatives only when a potential eviction case arises, which happens if a formal use is found for the land.

Walk through any of the settlements at the base of the mine dumps, and within seconds your shoes and legs will be covered in an orangey-white, chalky powder. Ask residents of their biggest woe, and the response is universal: 'The dust, the dust.'

'The dump is affecting our people so badly,' says Denzel April, a resident of Davidsonville, a coloured township created by the apartheid government between two mine dumps and beside heavily polluted water. 'The sand is so dangerous. When there are no birds, you know there must be a problem.' She has asked the government to build a wall around her property to keep the waste, in the form of mud, from running through her house after one of Johannesburg's torrential summer storms. She has received no response, and now looks disdainfully at a Democratic Alliance (DA) tent set up in the township's park. It is packed with volunteers, but sparks little interest from passersby.

A few kilometres up Main Reef Road in the township of Kagiso, also situated next to a dump, you hear the same. 'The dust is the problem. It irritates me, it gets all over the house and the kids get sick from it. They cough a lot … I have asthma,' says Patience Mmpuagabo.

It's always the dust. Or the sinkholes, or the shaking, or the polluted water. There are horror stories, some real, some exaggerated, of people, livestock and houses being sucked into the earth by gaping holes that suddenly appear, the result of uneven settling and improper drainage. There are scattered reports of bodies having been found in a few of them. Vibrations shake the ground in some areas, from earth and water moving through underground tunnels. In the Jerusalem settlement, just off Main Reef Road and close to a mine waste cleanup site, residents complain of how they are woken at night by shaking, of how badly they sleep.

But complaints about the dumps are also complaints about much more—about apartheid, and racism, and corruption, and lack of service delivery. Residents of these settlements use questions about mine waste to discuss the quality of their lives: lack of housing, no running water, no jobs, shoddy health care, dilapidated schools. 'There's nothing happening,' says April. 'Not the DA, not the ANC, not the council—no one is helping us. People want our votes, but they don't help us.'

Mike Dwjela prays quietly in the long grass on the banks of a tailings dam near to his work two blocks away. He comes here to pray after work everyday. At the end of each session he leaves his robes in the nearby reeds.
Off Third Road and Side Road, West Turffontein, Johannesburg

UMike Dwjela uyathandaza ngokuthula osebeni lwedamu elinezinsalela zemikhiqizo yezimbiwa eliseduze nendawo yakhe yokusebenza eqhele amablokwe amabili. Uza njalo lapha ukuzothandaza. Uma eqeda ukuthandaza ushiya izivatho zakhe eduzane nomhlanga.
Ukuphuma kumgwaqo uThird nomgwaqo uSide, West Turffontein, Johannesburg

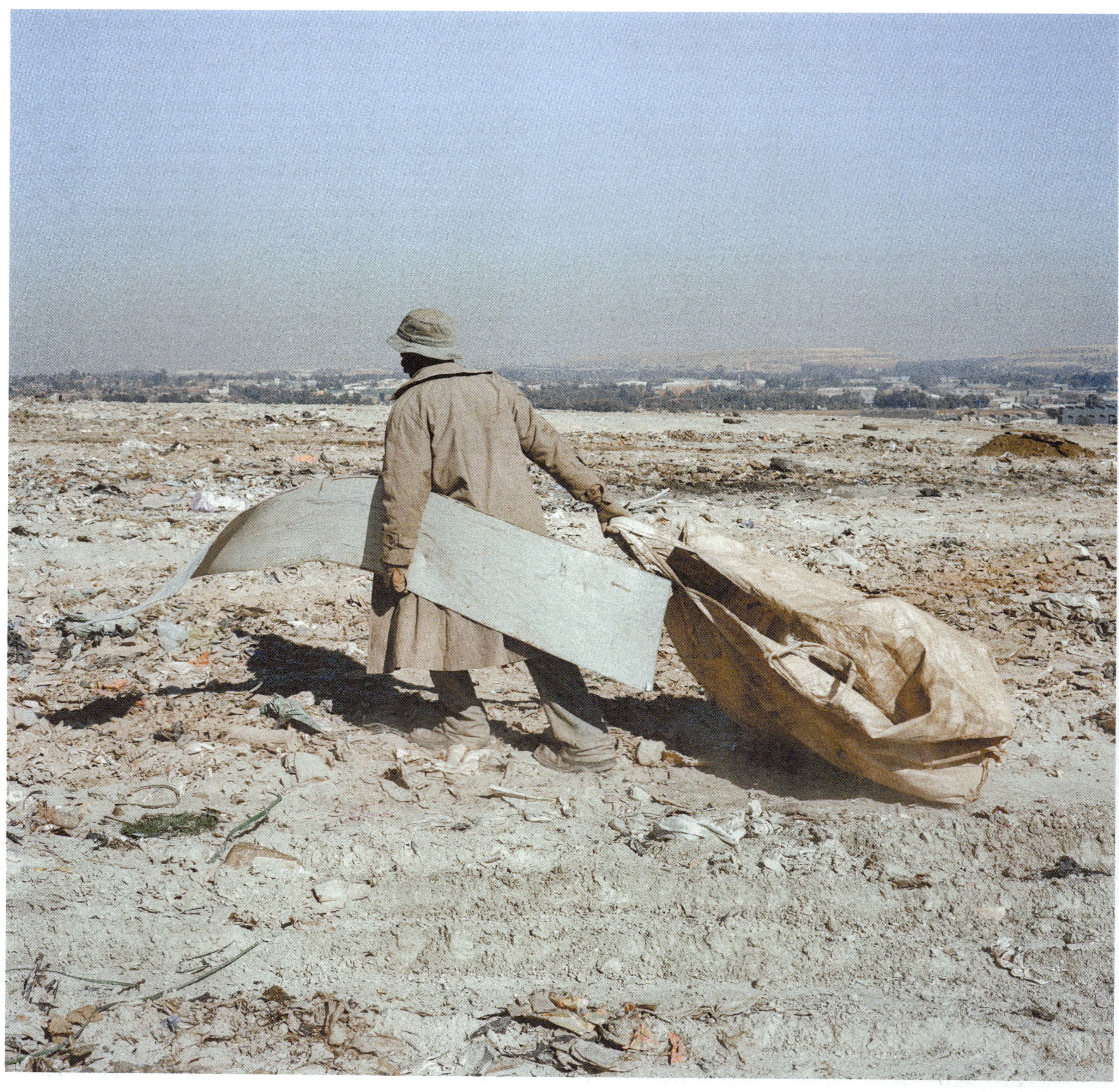

Admi, 38, collects material from a municipal rubbish dump to sell to scrap and recycling businesses, averaging a daily income of R150. Rubbish dumps like this on top of old mine dumps were sold or rented to the municipality many years ago by mining companies.
Turffontein Road exit, Booysens, Johannesburg

U-Admi, 38 ucosha impahla kwindunduma kadoti kamasipala ayithengisela izikrebha kanye namabhizinisi okuguqula izinto zisetshenziswe kabusha, wenza imali engango-R150 ngelanga. Izindunduma zikadoti ezifana nalena, zathengiselwa noma zaqashiselwa omasipala eminyakeni eminingi eyedlule.
Ukuphuma kumgwaqo uTurffontein, Booysens, Johannesburg

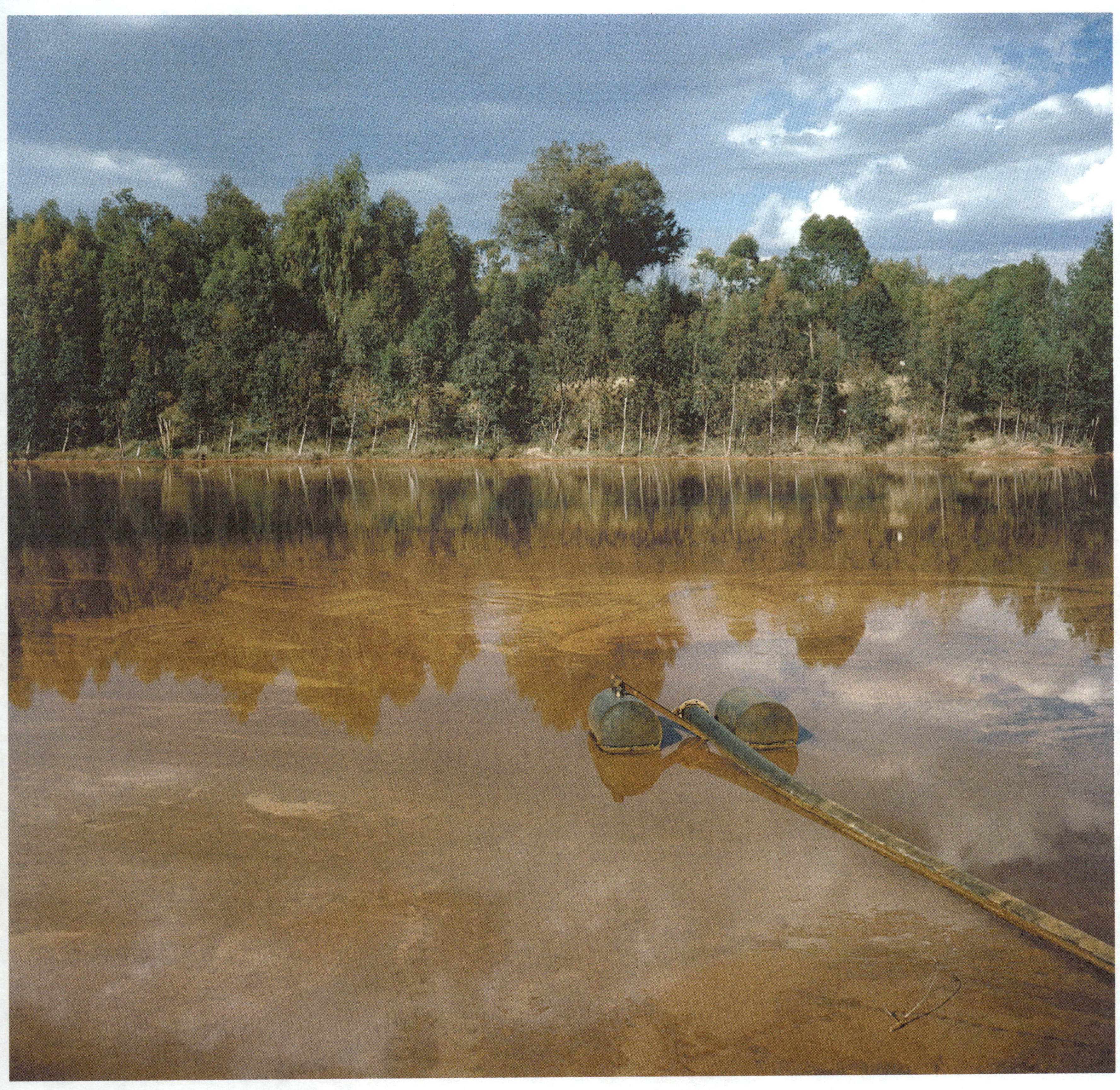

This unlined pit between mine dumps is the receptor pit for neutralised acid mine drainage.
Even after neutralisation, this ever-growing, sludge-and-water mix has elevated levels of heavy
metals like uranium, manganese, aluminium, lead, copper and cobalt.
  Tweelopies Road, near Main Reef Road, Randfontein

Lo mgodi ongavaliwe phakathi kwezindunduma ukhongozela i-asidi ephuma emayini.
Yize noma lulungisiwe lolu daka olunamanzi lunezinga eliphezulu lwamakhemikhali
eyureniyamu, imanganizi, i-aluminiyamu, umthofu, ikhopha nekhobhalithi.
  Ukuphuma kumgwaqo uTweelopies, eduze nomgwaqo iMain Reef, Randfontein

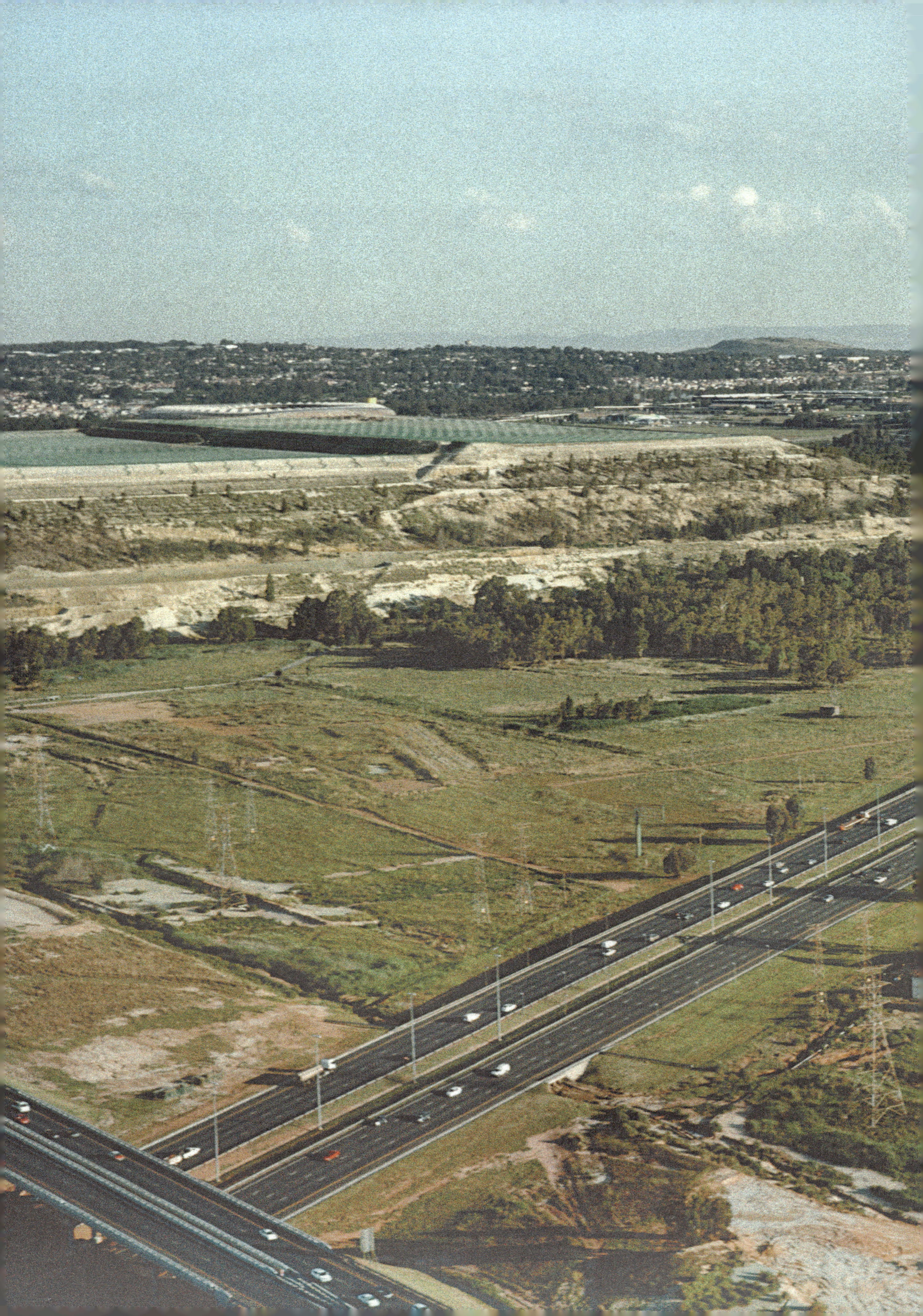

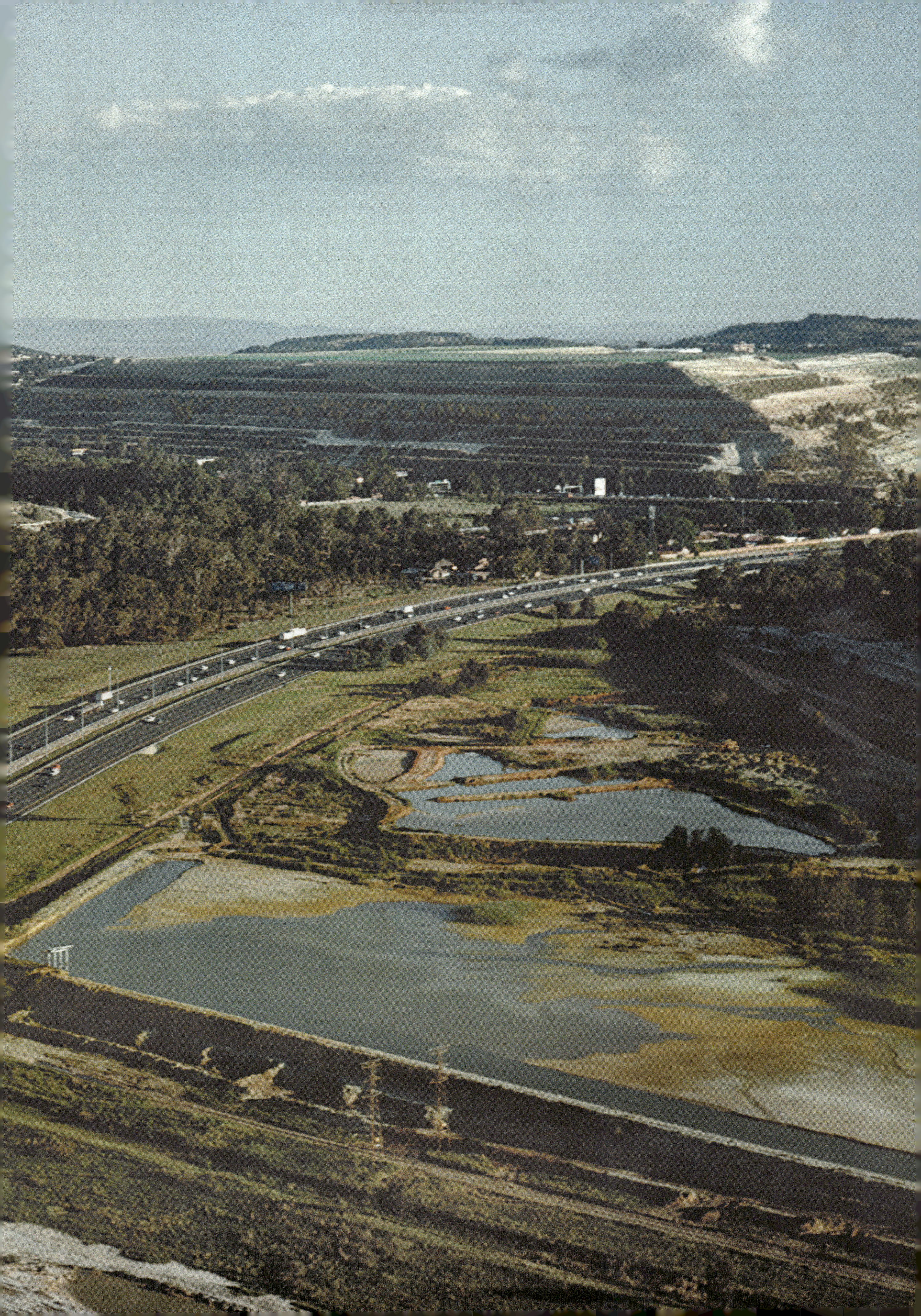

The answers one gets to questions about the legacy of mining are largely dependent on who one asks, and where they live, how much money they make, their political leanings. Few in Potchefstroom, a historically Afrikaans community 120 kilometres from Johannesburg, on Gauteng's border with the North West province, complain about mining, even though their water may be contaminated by mine waste. Some outspoken residents do, however, use the opportunity a curious reporter presents to blame environmental and health woes on the current government. 'The wrong people are in power. The white guy that used to do the work and get things going and keep things going … gets fed up and they leave,' says Johann van der Westhuizen, a fisherman at Boskop Dam, which is reportedly also polluted. Discussion about mine waste is really a discussion about South Africa.

As integral to the image of Johannesburg as these dumps are, they are not necessarily here to stay. A spike in gold and uranium prices at the start of the new millennium caused increasingly desperate mining companies to look to the mine tailings for new wealth. Technological advances now make it possible for the dumps to be remined for precious metals still left in the dust. As a result, it is estimated that since 2005, 40% of the country's tailings dams have disappeared. Often small, at least partly South African-owned, operations are at the forefront of these endeavours to extract yet more wealth from the residue of the mines.

Environmental activists, community members, academics and government are concerned about the effect that the dumps may be having on the environment and human health. Many of the metals in the dumps—including uranium, lead and arsenic—are radioactive or toxic. Significant exposure may have severe health effects on humans. While these toxins and heavy metals are a natural part of the environment, the mining extraction process brings them to the surface much more quickly than would occur through natural erosion, and in smaller, more 'digestible' quantities. Uranium generates the greatest fear, its very mention inviting visions of nuclear weapons and radioactivity (the most zealous refer to mine waste as 'South Africa's Chernobyl'). While intense exposure to high levels of particulate uranium poses health risks—such as negative effects on the kidneys, brain, liver, heart and endocrine system—the impact of long-term, low-level exposure is still unknown.

The health issues purportedly linked to mine waste exposure are variable, some bordering on the extreme. One mother, frequently quoted in the press, says that her son's autism is directly linked to polluted water from the mines near her house. Those on the farms and in the townships and informal settlements that line Main Reef Road report lung and eye infections, kidney failure, birth defects and cancer. Some farmers and game park owners say that their animals have spontaneously miscarried. All blame contaminated water and air.

As yet, none of these claims can be definitively tied to mine waste, but nor can they all be refuted outright. Few South African studies have been done on the health effects of mine waste exposure, in part because, until recently, the government had never funded one (a report was published by the Gauteng Department of Agriculture and Rural Development in 2012), and in part because proving a causal link between long-term, low-level exposure and health problems is difficult, as people are exposed to a wide range of potential toxins and contaminants throughout their lifetime, and follow-up over decades is onerous. This is complicated by the fact that communities living near mine dumps, and hence most at risk, are poor and often highly migratory. These populations are exposed to a variety of other risks in their daily lives, and don't stay in one place long enough for proper long-term monitoring.

Yet even without evidence substantively pointing to the mine dumps as the culprit, environmentalists say that the only way to ensure adequate protection of humans and the environment is to remove the dumps once and for all—ironically presenting a beautiful win-win for companies interested in making money through remining the dumps. In doing so, they also remove them, thus simultaneously claiming environmental cleanup and the protection of public health while making a buck. And there is money to be made. For every ton of mine waste recovered, companies can make anywhere between R70 to R600 from the metal deposits. Some, mostly small, mining companies, have made unlikely alliances with environmental groups who want to rid the land of mine dumps, funding their educational and advocacy work on the potential health and environmental problems the dumps pose. Communities are then mobilised to support mine-dump removal, clearing the way for companies to remine the tailings. But while environmental groups and mining companies are sometimes happy allies, they also find themselves at loggerheads at times: environmentalists have opposed the removal of mine dumps in residential areas in the absence of 'comprehensive risk assessments'. They are concerned that residents may be impacted by radioactive particles stirred up during waste removal.

Not everyone is happy about remining old tailings. DRDGold faced legal challenges in 2006 when it attempted to remine a dump in the middle of the city. The dump had been the home of the Top Star drive-in since the 1960s, and the Provincial Heritage Resources Authority of Gauteng (PHRAG) claimed that the operation was in contravention of heritage legislation, as it would mar a historic landmark. Though DRDGold lost the case, it went ahead regardless. The company's efforts were supported by the National Union of Mineworkers (NUM)—historically antagonistic towards mining companies—because of the promise of 1,000 jobs. NUM is not alone: many communities welcome remining as a potential source of employment.

Nearly a decade later, only a sliver of the Top Star dump remains, its drive-in sign now gone. Where a mountain of tailings used to be, there are now pools of red water edged with yellow crusts, like sour, seeping wounds on the flesh of the earth. Future plans for the site are not known for now. A few excavators sit idly in its hollowed-out pit, waiting for someone to make a decision.

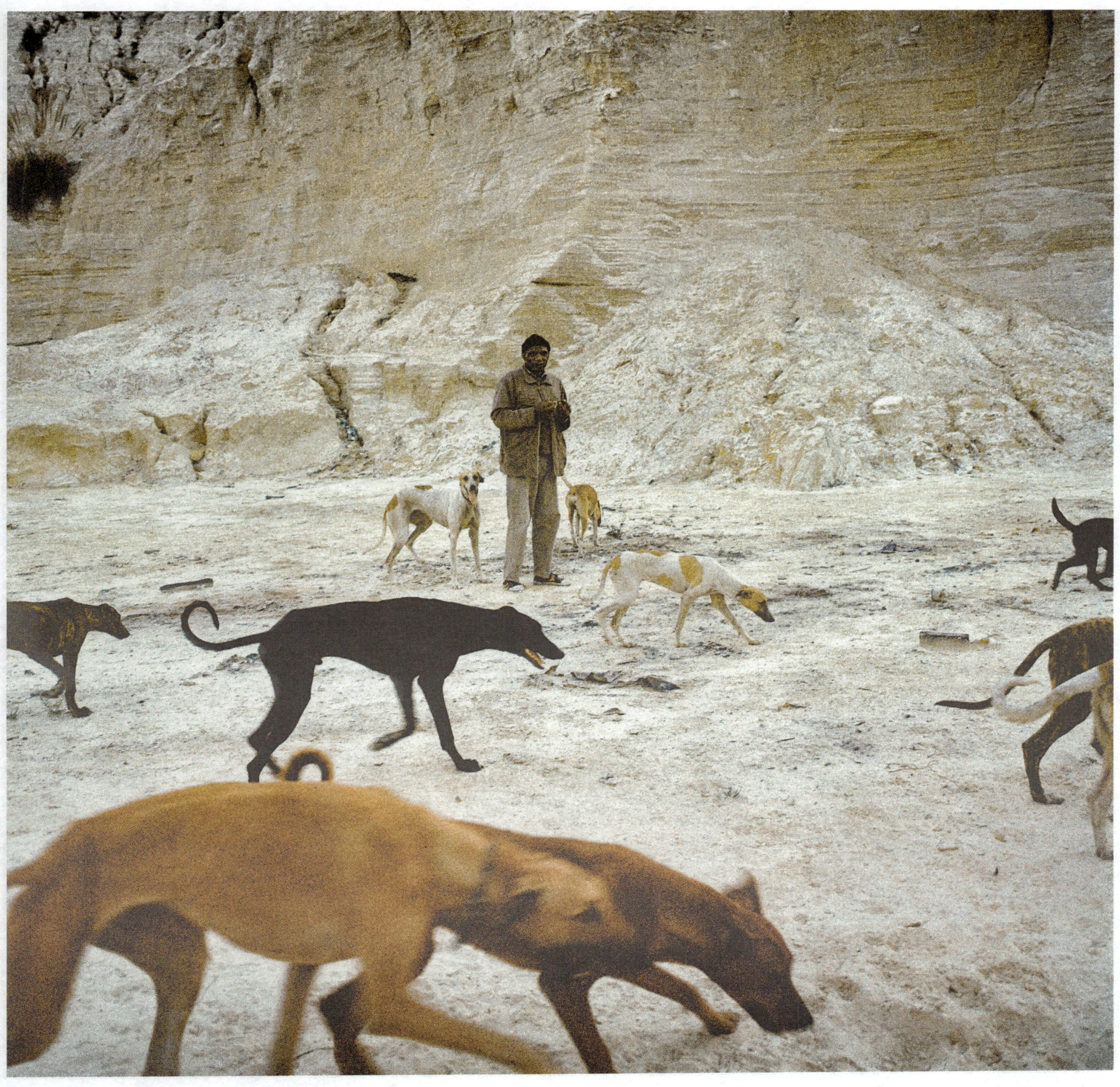

Daniel watches over the hunting dogs he is paid to look after. He exercises them
daily on the mine dump that he has called home for over 20 years.
  Near Vlak Street, Selby, Johannesburg

UDaniel ugade izinja akhokhelwa ukuba azibheke. Uzisiza ukunyakazisa
imizimba zonke izinsuku kule ndunduma yezimayini asehlale kuyona ngaphezulu
kweminyaka engu-20.
  Eduze nesitaladi uVlak, Selby, Johannesburg

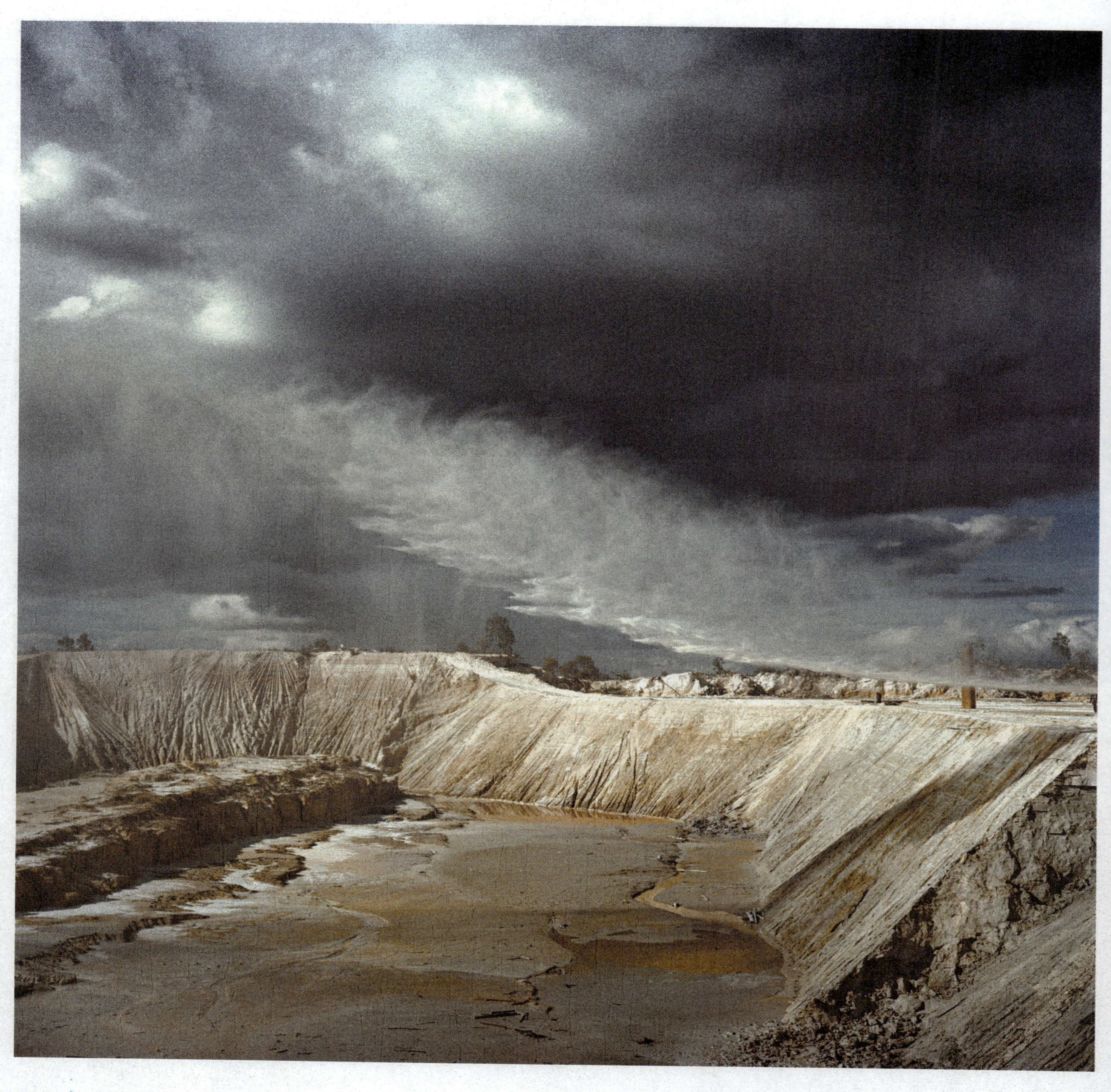

Because of the mine dumps' proximity to a major city, and South Africa's political history, Johannesburg is arguably more vulnerable to the effects of mine waste than other sites. Under apartheid, South African law supported mining houses, not only by creating labour conditions that suited the companies' insatiable need for gold, but also by requiring very little environmental accountability. While the country's laws have changed under democratic dispensation, requiring more stringent environmental protection and placing greater environmental and social responsibility on mines, a significant shortcoming remains: the government is unable to seek economic or restitutive redress from mining companies that have abandoned their tailings. Instead, old mining sites are either the financial and environmental responsibility of the government, or of the new mining companies that wish to use them. As such, finger pointing is the norm, with government and operational mines blaming each other for incompetence and negligence. The government says operational mines must be held accountable for all liability, new or old; the mines say that taking on the historic liability of their predecessors is unfair, and that this will lead to reduced investment in the country. Both say the other should be responsible for cleaning up environmental waste. And there is no shortage of waste to be dealt with—nearly 400 abandoned sites throughout the greater Johannesburg area. As early as 1987, the United States Environmental Protection Agency noted: 'Problems related to mining waste may be rated as second only to global warming and stratospheric ozone depletion in terms of ecological risk. The release to the environment of mining waste can result in profound, generally irreversible destruction of ecosystems.'

Whereas mining companies at least have an economic incentive to remine tailings, there is little economic benefit to cleaning up water polluted by acid mine drainage (AMD). AMD happens in many ways: through water runoff at the base of tailings; through the contamination of water used in remining old dumps for newfound precious metals; and as underground shafts, abandoned after mining operations close, fill with contaminated water, and eventually flood. Since it is not always clear who is responsible for the mess, millions of litres of contaminated water are left unattended to. And cleanup is an expensive feat: companies can spend 0.5 billion rand or more just to build a treatment plant for their own site, and there are thousands of sites unaccounted for. While some companies are looking to reprocess and eventually sell cleaned water, others want government to provide a solution. Meanwhile, abandoned sites, and some operational ones, continue to spill acidic water into the waterways of Johannesburg. It seems to be both government's and the companies' hope that everyone will look the other way.

Polluted water is an increasing concern, already having bubbled to the surface from overflowing, abandoned mine shafts in 2002. The effects of this are found in many city rivers and streams. Readings taken in some parts of the Klip River, which snakes through Soweto, show a pH as low as 2. This water—used for livestock, family gardens, laundry, cooking, playing, praying—is extremely acidic. It is estimated that the Witwatersrand goldfield has 350 million litres of affected water.

The battle between government and mining companies over liability, coupled with the new lure of mining old tailings, leaves residents of townships and informal settlements near mine waste stuck squarely in the middle. They face a double problem of breathing in potentially toxic dust and using potentially contaminated water, and the threat of eviction, with government, environmental activists and mining companies alike all claiming that the land is not fit for human habitation. National law states that humans cannot live within 100 metres of a mine dump, but this is rarely enforced, and people, desperate for space, make their homes where they can. As such, heated arguments have erupted between housing and environmental activists on the one hand, and government and mining companies on the other. The former agree with the latter in their assertion that mining waste is potentially toxic. But they claim that environmental and health concerns shouldn't be used to legitimise evictions—a constant threat for informal settlers all across South Africa, who live a precarious, sometimes illegal existence on the edge.

Their fears are not unfounded. In 2011, the National Nuclear Regulator (NNR) ruled that residents of the Tudor Shaft informal settlement, the site of a dam contaminated with mine waste and considered radioactive by the NNR, should be moved due to health and environmental concerns. Then the removal of the dump was halted in 2012 because of the further danger posed to residents by the liberation of radioactive dust particles. Residents at Ramaphosa, Slovo Park and Makausa settlements have faced evictions for similar reasons. Sometimes alternative housing is offered by the government; sometimes it is not.

As such, poor communities and environmentalists have made unlikely foes at times. When environmentalists cried foul at government plans to build RDP houses in Tudor Shaft, they were threatened with violence by the community—a strange response at first glance, but dig further, and you'll see why. People wait years to be allocated an RDP house, a coveted prize for many of South Africa's poorest. They offer a rare sign that the government really does care, that a change in governance really has made a difference, a drop of permanence in a stormy sea of threatening change. The environmentalists are for the most part white, and relatively wealthy, and come from outside these communities. The residents of Tudor Shaft are mostly black, poor, many of them unemployed and surviving on government grants. The potential threat of cancer is simply not as urgent as the question of where they will live in the coming weeks, months and years. And the use of that threat to legitimise removal from the only place they call home provokes anger and fear. They are caught in a proverbial catch 22: between wanting a better place to live—and, specifically, permanent housing—and living in a potentially toxic environment.

While residents of informal settlements are caught in the middle, mining companies are offered another win-win. With environmental and health concerns increasingly in the public consciousness, mining companies can now cite safety concerns when either prompting the government to evict residents, and/or benefiting from the evictions when they do take place. Once settlements are cleared, the dumps can be remined for new precious

High-powered water canons are started in preparation for reclamation of a mine dump. About 30 bars of pressure are needed to break up and turn the sand into slurry, which is then transported to the processing plant where gold content is extracted. It will take four years to reclaim the remaining 4.5 million tons of sand.
Viscount Road, near Main Reef Road, Randfontein

Amakhenoni asebenza ngamandla amanzi seweqaliwe ukwenziwa ukulungisela ukuthathwa kwezimayini zezindunduma. Kudingeka amabhazi amandla angu-30 ukuphula nokushintsha isihlabathi sibe udaka olumanzi, oluzohanjiswa luyiswe kupulanti lapho kukhishwa khona igolide etsheni. Kuzothatha iminyaka emine ukuthatha amatani esihlabathi asele angu-4.5 wezigidi.
Umgwaqo uViscount, eduze nomgwaqo iMain Reef, Randfontein

assets, with the government footing the bill for relocation costs. Using health and environmental concerns to justify the removal of poor settlers from desired lands smacks too closely of the apartheid government's use of the threat of illness—ostensibly the bubonic plague—to remove blacks, coloureds and Indians from the Johannesburg city centre and into Klipspruit, the neighbourhood that would later become Soweto.

Residents of Jerusalem informal settlement are acutely aware of the looming threat of eviction that stems from their location near a dump. They say that visits from DRDGold representatives are not infrequent, and that when they come, they clearly state their intention to remine the dump. Some residents have lived in the settlement for years and fondly call it home, vowing to put up a fight if eviction does occur. They are worried that they won't be able to afford rent elsewhere. But others hope for an eviction, seeing it as a fast-track ticket to long-awaited RDP houses. 'They want to use that mountain. They must move the people,' says Julius Mjnono, who represents Jerusalem to the local council. 'This place is not right. It's dangerous. They say it can give you cancer. They say they are looking for the land. I would be happy, because I don't want to stay. There's nobody who doesn't want to move from here.'

A few claim that they have been told by DRDGold that living near the waste is unsafe and could cause health problems, including cancer. Such a claim coming from a mining company is nearly unheard of, as it adds potential liability and could open the door for litigation. Indeed, for years mining companies have skirted any connection between mine waste and threats to human health. While lawyers and politicians threaten expensive, long-term lawsuits to bring in compensation for communities exposed to mine waste, companies don't take these threats seriously, says Carin Bosman, former director of water resource protection and waste at the Department of Water Affairs. 'Proving cause and effect from environmental impact is one of the hardest things to do, and that's what the mining companies rely upon. They say, "these people will have liver cirrhosis because they drink and they will have messed up lungs because they smoke." It's always other reasons why there's a higher incidence of cancer, of stomach ailments ... of learning disabilities.'

But all of the debates and finger pointing notwithstanding, if things go as planned, the mine dumps as we currently know them will continue to disappear, their contents remined and the waste moved to 'superdumps' on the outskirts of the city. Thus Johannesburg's future will continue to be shaped by its mining history, the wayward superdumps that are appearing today perhaps becoming the city's mountains of tomorrow.

How on earth, any visitor to Johannesburg may wonder, can a city live—and not just live, but grow, and build, and thrive—in the midst of these mountains of waste? How can there be so many dumps right in the centre of things? And perhaps most strikingly, how can the dumps be so pervasive, and yet never really be spoken about by many ordinary citizens? Drive past the dumps with a foreigner and you will hear them exclaimed about, marveled at. Drive past them with someone from Johannesburg, and not a word is spoken. How can they be both everywhere and nowhere in the minds of many Joburgers?

Perhaps the city dweller's disinterest in—even blindness to—the mine dumps is a reflection of how people have learned to cope with a city, and a country, that has so complicated a story, one that is as much about poverty, racism, inequality, crime and environmental degradation as it is about reconciliation, the resilience of people, and the beauty and strangeness of the South African landscape.

Mara Kardas-Nelson

View from the top of a mine dump onto the informal settlement, Jerusalem. DRDGold owns this dump and wants to move the residents and reclaim the gold remaining in the sand.
Off Wit Deep Road, Delmore, Boksburg

Ukubheka uphezu kwendunduma imikhukhu yaseJerusalema. IDRDGold ingumnikazi wale ndunduma futhi ifuna ukubasusa lapha abahlali ukuze ikwazi ukukhipha igolide elisele esihlabathini.
Ukuphuma kumgwaqo uWit Deep, Delmore, Boksburg

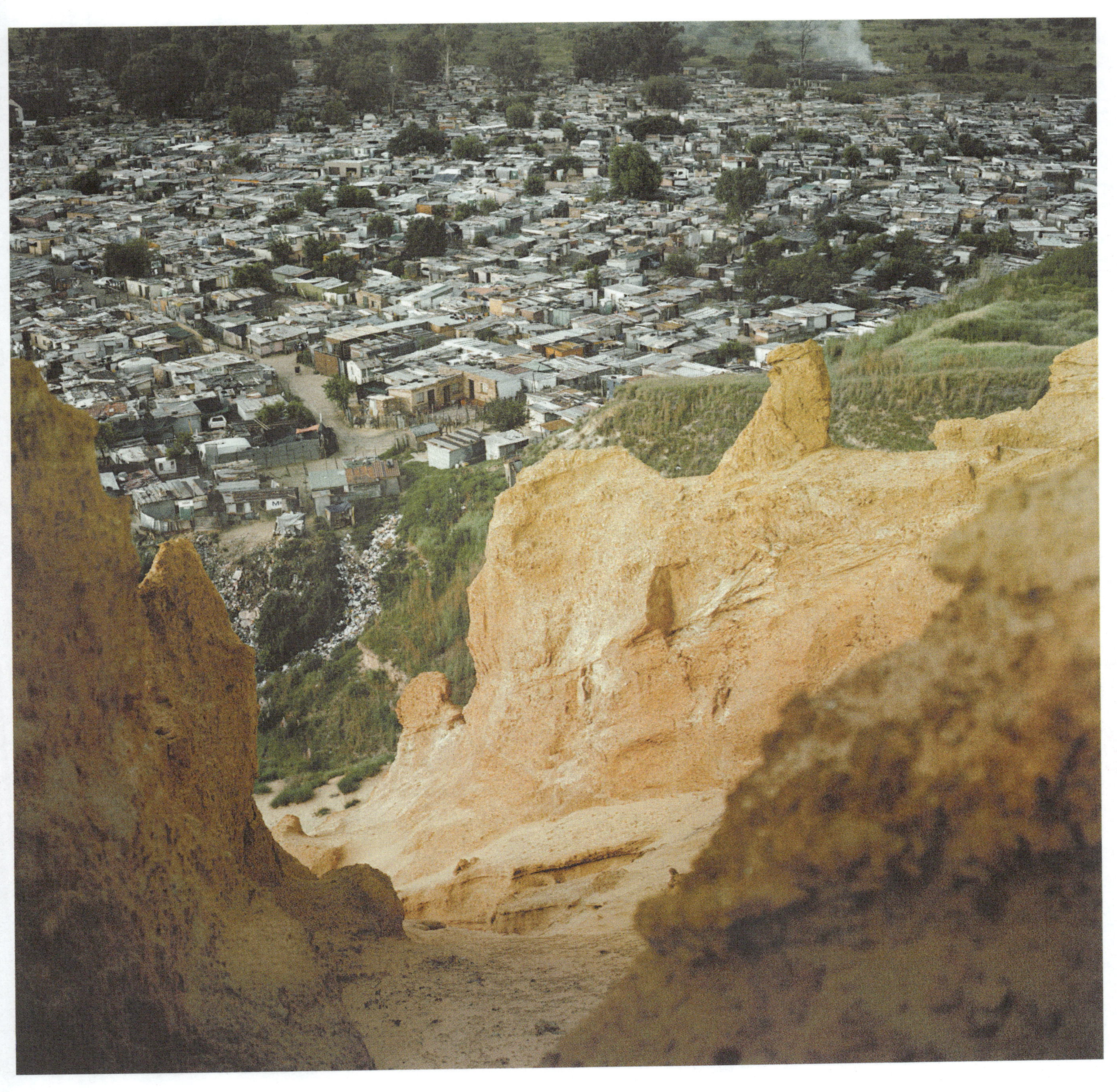

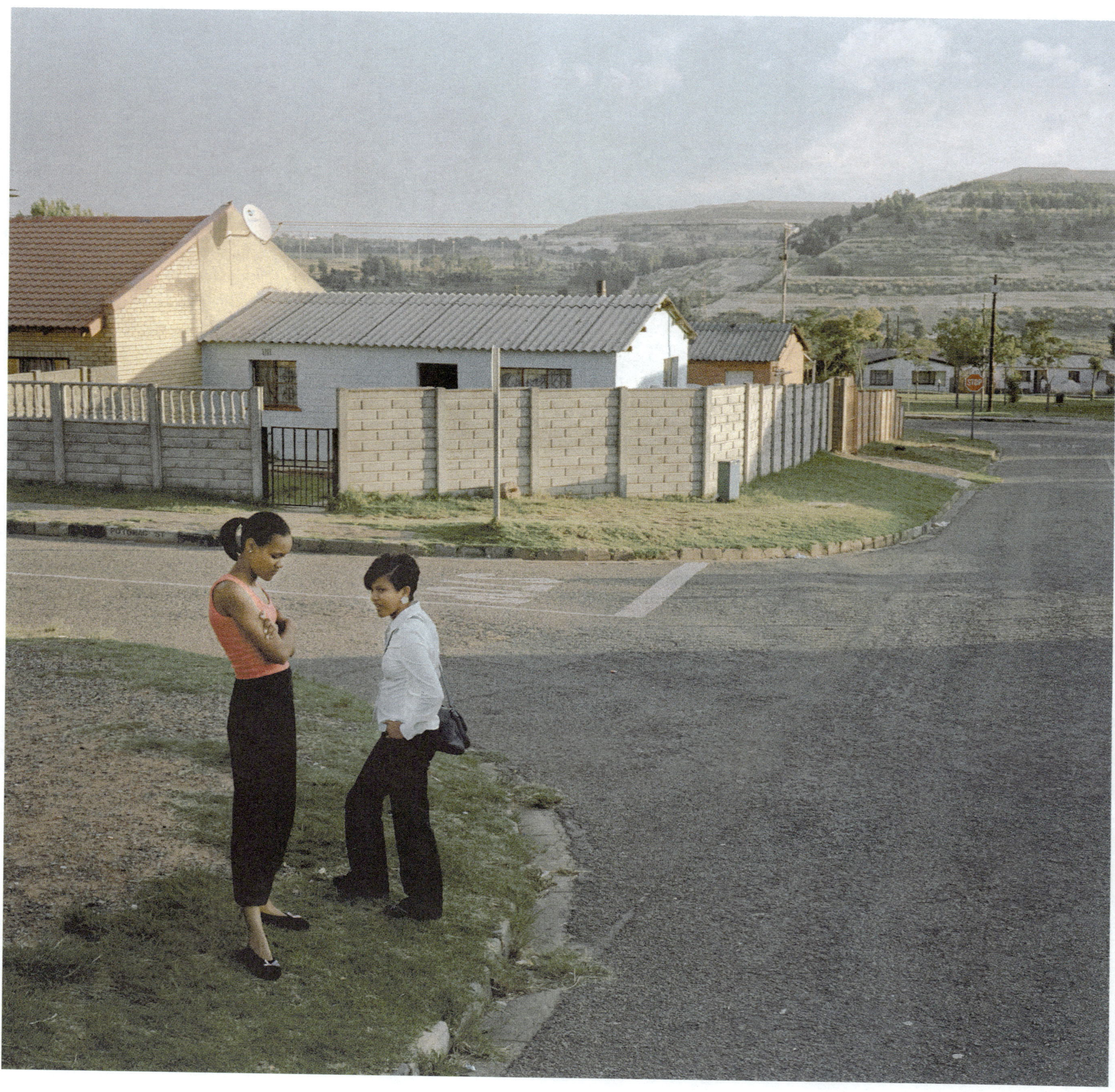

Hundreds of thousands of people across the southwest of Johannesburg live in communities located around some of the city's largest mine dumps.
Medway Street, Riverlea, Johannesburg

Izinkulungwane zabantu kuyo yonke iningizimuntshonalanga yeGoli bahlala emiphakathini eyakhe kuzindunduma zezimayini ezinkulu zedolobha.
Isitaladi uMedway, Riverlea, Johannesurg

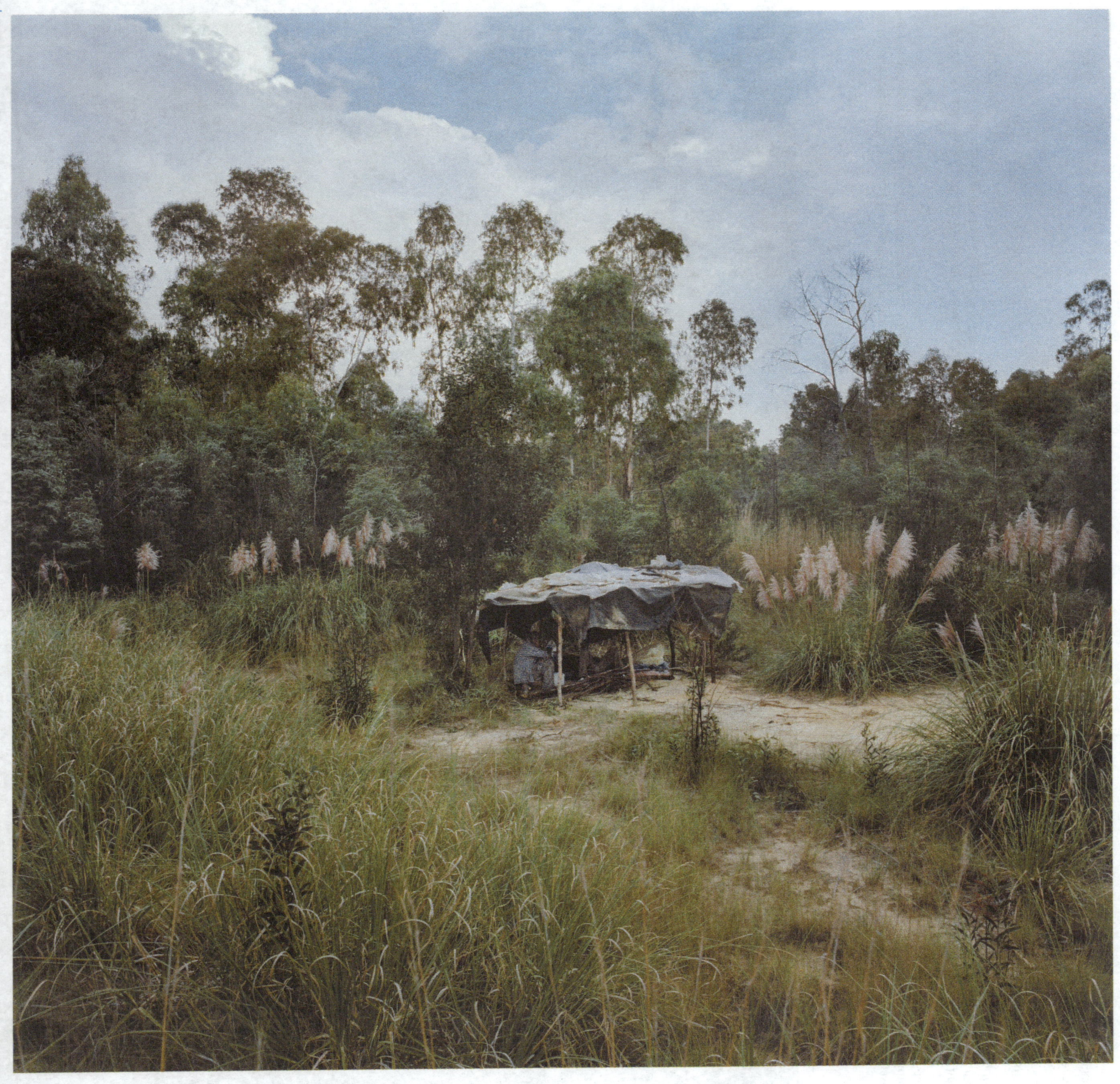

Silvester, 42, and Todd, 21, have been fasting under this makeshift shelter on top of a mine dump for four days. The two men live in Soweto and come to the dump once a year to fast and pray.
Off Harry Street, West Turffontein, Johannesburg

USilvester, 42, noTodd, 21, baqale ukuzila ukudla ezinsukwini ezine kulo mkhukhu ophezu kwendunduma. La madoda amabili ahlala eSoweto eza kulo mkhukhu kanye ngonyaka ukuzothandaza nokuzila ukudla.
Ukuphuma kusitaladi uHarry, West Turffontein, Johannesburg

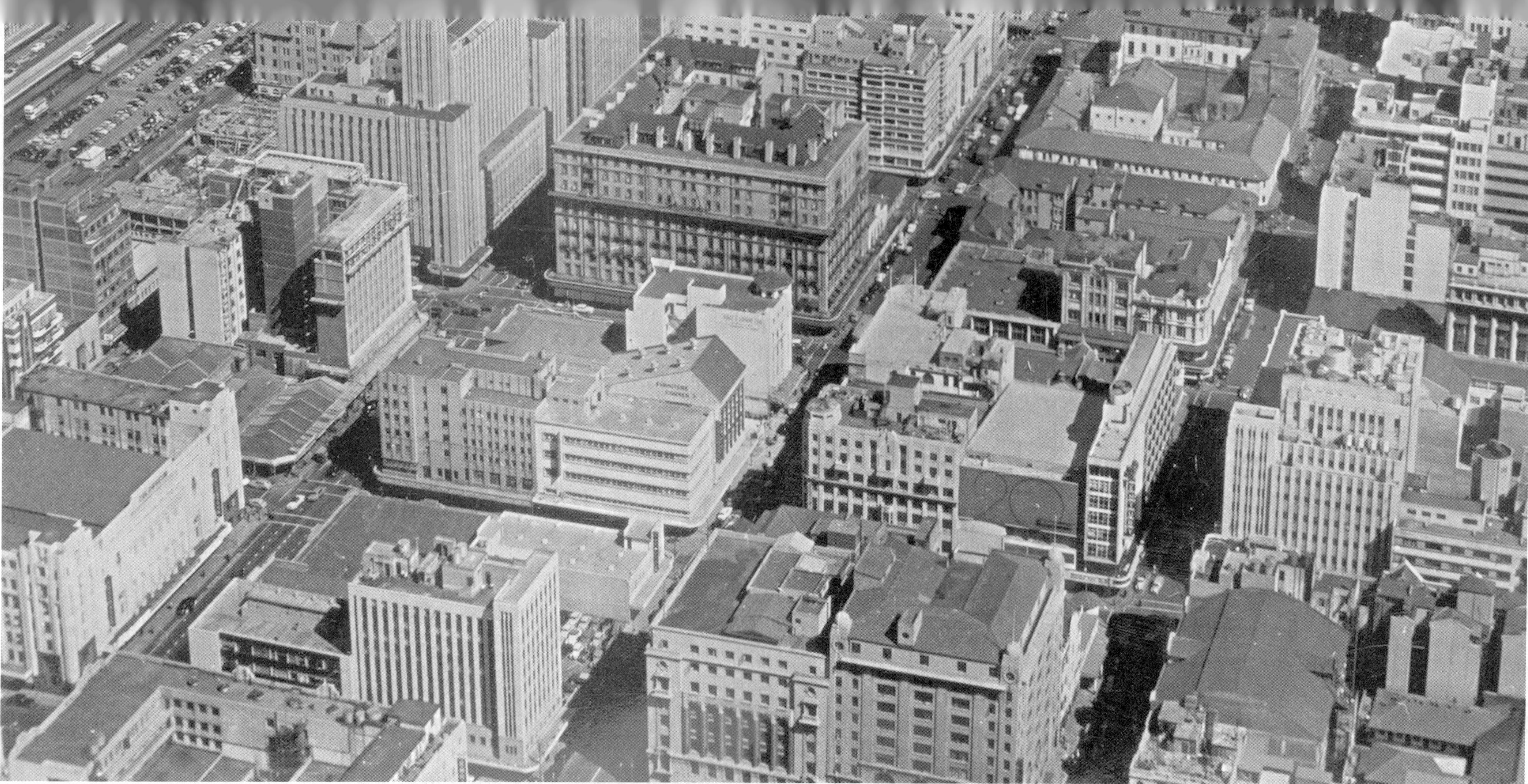

Downtown Johannesburg, 1960. Photograph from an exhibition in
the Johannesburg Public Library by P.G. Higgins, A.R.P.S.
© MUSEUM AFRICA

Idowntown Johannesburg, 1960. Izithombe zithathwe kumbukiso
eJohannesburg Public Library nguP.G. Higgins, A.R.P.S.
© MUSEUM AFRICA

After the Mines © Jason Larkin and Fourthwall Books
Photographs / izithombe © Jason Larkin
Essay / indaba © Mara Kardas-Nelson

Editor / umhleli Bronwyn Law-Viljoen
Design & layout / ukuhlelwa Oliver Barstow
Zulu translation / ihunyushwe ngesiZulu Thandiwe Nxumalo Kunutu

Special thanks / sibonga kakhulu
Mariette Liefferink (FSE), Francesca Sears (Panos Pictures), Eddie Milne, Dick Plaistowe,
Amichai Tahor & Andreas Vlachakis (Lightfarm), Claire Johnson, Adam Carbajal, Enrico Botta &
Tshepo Mohlauli (SolidEarth), Frida Cording (WITSTranslate, University of the Witwatersrand),
Lavendhri Arumugam (Ithuba Arts Fund)

Welcome to
Welkom in
Johannesburg 1960

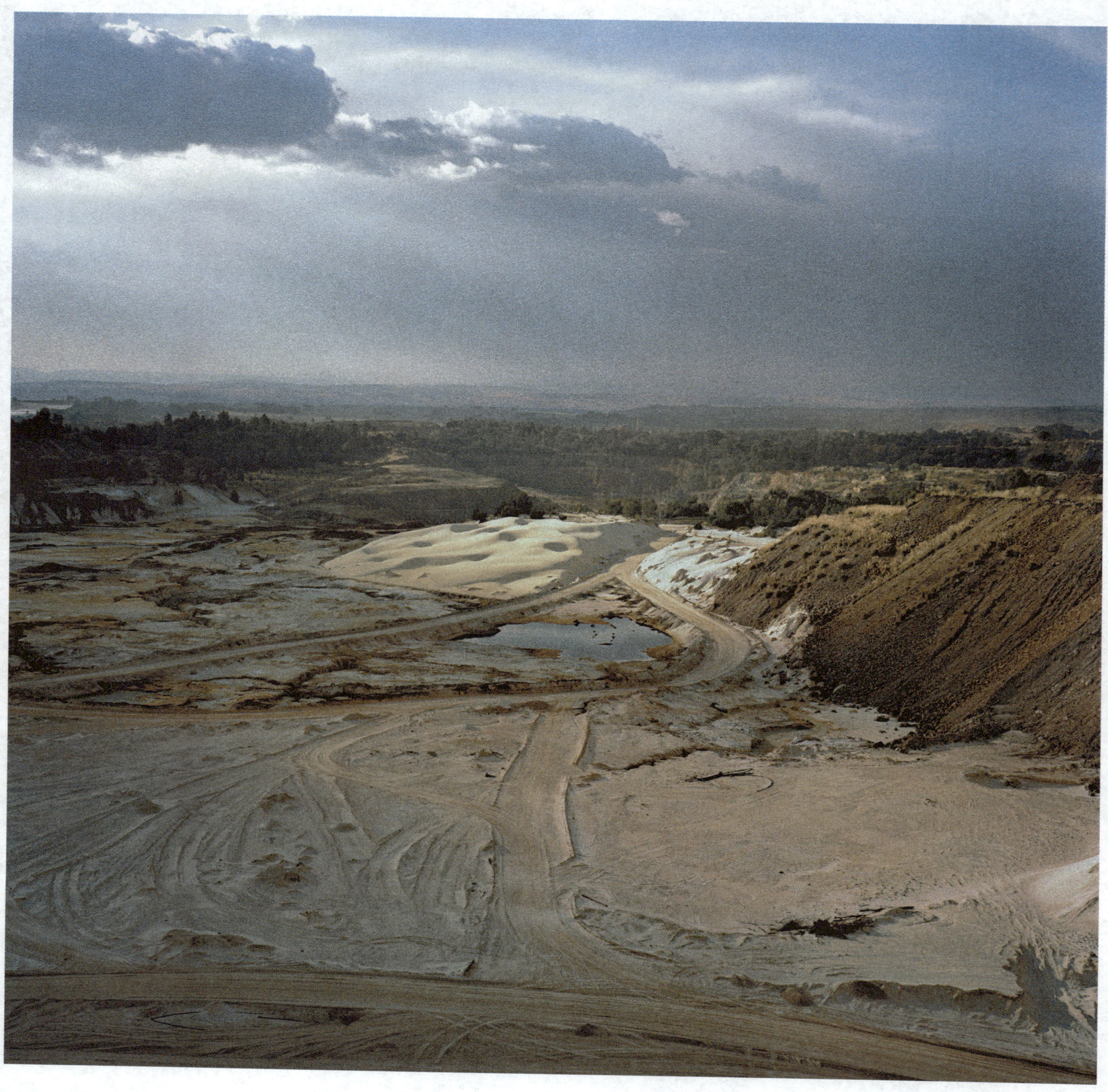

Insalela yeDump 20 ethathwa iGold 1. Yake yabhalwa ezincwadini *iThe Guinness Book of Records* njengendunduma eyenziwe ngabantu enkulu kunazo zonke emhlabeni. Kwathatha iminyaka ecishe ibe ngu-60 ukuyakha futhi inamatani angu-20 ezigidi othuli lwasemayini. Kuzothatha iminyaka yonke eyisikhombisa ukuthatha le ndunduma.
Ukuphuma kumgwaqo uTweelopies, eduze nomgwaqo iMain Reef, Randfontein

The remains of Dump 20 that is being reclaimed by Gold 1. Once listed in *The Guinness Book of Records* as the largest man-made heap in the world, it took nearly 60 years to create and contained 20 million tons of mining waste. It will take seven years in total to reclaim.
Off Tweelopies Road, near Main Reef Road, Randfontein

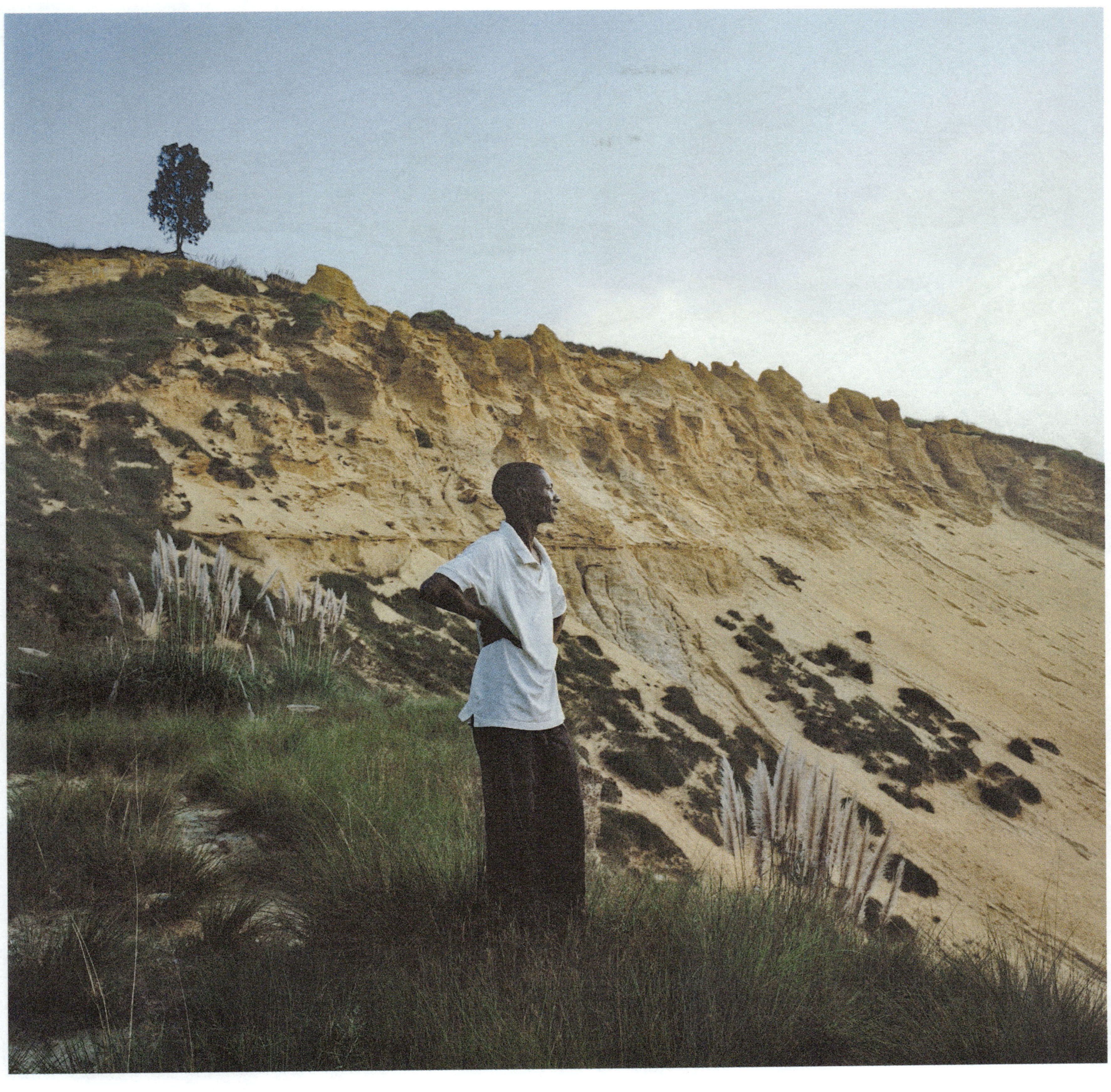

U-Israel Mosala, ofundisa kunhlangano i-Earth Life, ubuka indunduma yemayini ebanga izinkinga empilweni yabahlali basemkhukhwini waseJerusalema.
Ukuphuma kumgwaqo uWit Deep, Delmore, Boksburg

Israel Mosala, an educator for the NGO Earth Life, looks out across a mine dump that is creating health risks for residents of the informal settlement Jerusalem.
Off Wit Deep Road, Delmore, Boksburg

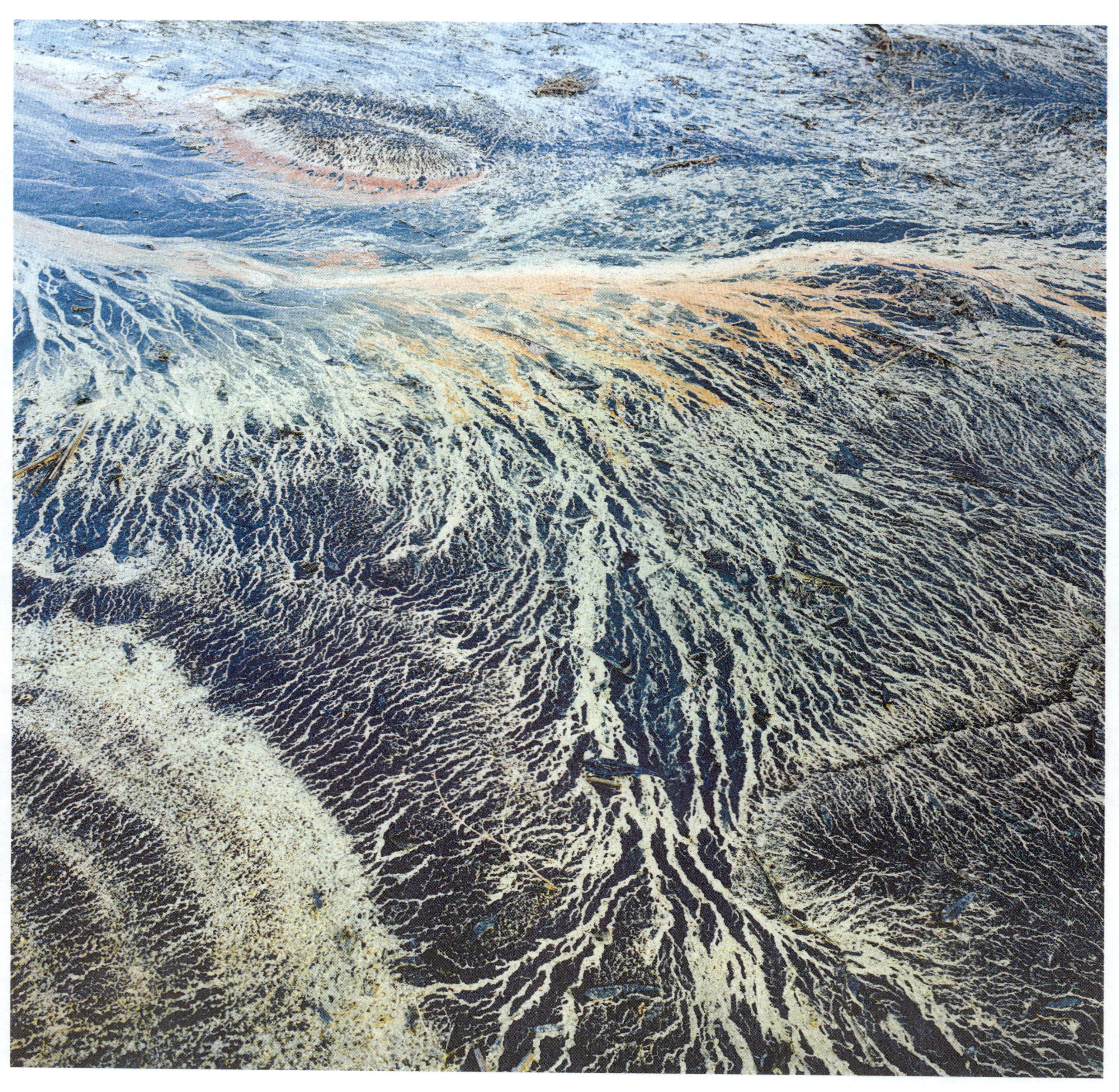

besemikhukhwini yaseTudor Shaft, indawo eseduze kwedamu elinobuthi futhi iNNR elibuka njengendawo eyingozi, ezothikameza impilo nesimo sendawo nemvelo. Ngakho ke ukudilizwa kwendunduma kwamiswa ngo-2012 ngenxa yengozi yothuli olunobuthi olungathikameza impilo yabahlali. Abahlali besemikhukhwini yaseRamaphosa, eSlovo Park naseMakausa nabo babhekene nesimo sokuxoshwa esifanayo nalesi esingenhla. Kwesinye isikhathi uhulumeni uyabanikeza abahlali izindawo zokuhlala kwesinye isikhathi angabanikezi.

Ngakho ke imiphakathi empofu namaqembu abavikela nabanakekela indawo nemvelo baphendukelana izitha kwezinye izikhathi. Kwathi uma amaqembu abavikela nabanakekela indawo nemvelo esola uhulumeni ngamasu okwakha izindlu zeRDP eTudor Shaft, umphakathi wasiphikisa ngodlame lesi sisenzo—kubukeka kungejwayelekile lokhu uma unganakile, kodwa uma ukubhekisisa uzobona ukuthi kungani. Abantu balinda iminyaka ukuthola indlu yeRDP, okuyinto esemqoka empilweni yabantu abampofu baseNingizimu Afrika. Lezi zindlu zinikeza ithemba eliyivelakancane elithi uhulumeni unozwelo. Ithemba elithi ukushintsha kombuso kulethe umehluko empilweni yabantu. Ithenjani elincane esikhathini senguquko esabisayo efufusayo. Amaqembu abavikela nabanakekela indawo nemvelo ubuningi babo ngabelungu, bame kahle futhi baphuma kwimiphakathi engaphandle. Abahlali baseTudor Shaft ubuningi babo ngabantu abamnyama, abampofu abaningi babo abanamisebenzi baphila ngemali yegranti kahulumeni. Ingozi yekhensa ehlongozwayo ayibalulekile ukudlula isifiso sokwazi ukuthi bazobe behleli kuphi ngamasonto, izinyanga neminyaka ezayo. Ukusetshenziswa kwale ngozi yekhensa ukusekela ukuxoshwa endaweni eyilona khaya labo kubavusela intukuthelo nokwesaba. Bazithola bephakathi komhume nomlomo webhubesi. Bephakathi kokufuna indawo engcono yokuhlala—ikakhulukazi ukuba namakhaya okuphila—nokuphila endaweni eyingcuphe yokufa.

Ngenkathi abahlali basemijondolo bezithola bengonding-asithebeni, osozimayini batomula isu elinempumelelo nxazonke. Njengoba ukubaluleka kwempilo nendawo yokuhlala nemvelo kusemqoka ekucabangeni komphakathi, osozimayini basebenzisa ukuphepha komphakathi uma beqhuba uhulumeni ngamadolo ukuba axoshe abantu kulezi zindawo bebe bazi kahle ukuthi bazothola imali ngokuxoshwa kwabantu kulezi zindawo. Uma imikhukhu isidiliziwe osozimayini bangazimba izindunduma bakhiphe umkhiqizo wensimbi oyigugu kuzona kodwa kube nguhulumeni okhokhela ukuthuthwa kwabantu kulezi zindawo. Ukusebenzisa impilo nokuvikelwa nokunakekelwa kwendawo nemvelo njengesizathu sokusekela ukuxoshwa kwabantu ezindaweni abahlala kuzo kufana nse namaqhinga ayesetshenziswa umbuso wobandlululo—kufana nesifo sobhubhane—ukuxoshwa kwabantu abaMnyama nama-aKhaladi kanye namaNdiya esenta yedolobha laseGoli bexoshelwa eKlipspruit eyaphenduka yaba iSoweto.

Abahlali besemikhukhwini yaseJerusalema bayazi ngokuxoshwa kwabahlali okuhlongozwayo okungenxa yendunduma abakhe eduze kwayo. Bathi abavakashi abangabameleli beDRDGold abasapheli, bathi uma befika bayichaza ngokusobala inhloso yabo yokumba badilize indunduma. Abanye babahlali sebeneminyaka bephila kule ndawo sebeyibiza ngekhaya labo, bayafunga bathi bazolwa uma bexoshwa. Bakhathazekile ukuthi ngeke bakwazi ukukhokha intela kwenye indawo. Kodwa abanye bakubhekе ngamehlo abomvu ukuxoshwa ngoba bakubona njengethikithi lokuthola ngokushesha izindlu zeRDP. 'Bafuna ukuyisebenzisa leya ntaba,' kusho uJulius Mjonono, oyisikhulumeli sabahlali baseJerusalema kukhansela yendawo. 'Le ndawo ayilungile.

Iyingozi. Bathi ingakugulisa ikuphathise ikhensa. Bafuna indawo. Ngingajabula ngoba angithandi ukuhlala lapha. Akekho umuntu ongafuni ukuhamba lapha.'

Abantu abambalwa bathi iDRDGold ibatshele ukuthi ukuhlala eduze nezindunduma akulungile kungadala izinkinga ezifana nesifo sekhensa. Inkulumo enjalo eqhamuka kunkampani yosozimayini ayikholeki ngoba ingadala isibophezelo nokumangelelwa kosozimayini. Phela, eminyakeni eminingi eyedlule bebekuphikisa ukuxhumana kwezindunduma nezinkinga ezithikameza impilo yabantu. Yize noma abameli nabazepolitiki besongela ukubamangalela osozimayini ukuba bakhokhela bahlawule abahlali abaguliswa ubuthi obukhishwa izindunduma, osozimayini abakushayi mkhuba lokho ngokusho kukaCarin Bosman owayengumqondisi woMnyango Wezokuphathwa Kwamanzi. 'Ukukhombisa ubufakazi obuzwakalayo bokuthinteka kwendawo nemvelo ngenye yezinto ezinzima ukuyenza, yikhona lokhu okubaqinisa idolo osozimayini. Bathi, "laba bantu banesifo sesibindi ngoba bayaphuza futhi bane-sifo samaphaphuu ngoba bayabhema." Kunesizathu esithile njalo sokuthi kungani siphezulu isifo sekhensa, izifo zesisu … izinkinga zokufunda.'

Kukho konke ukukhombana ngeminwe nezingxoxo ezenzekayo, uma izinto ziqhubeka njengoba kubekiwe, izindunduma zezimayini njengoba sizazi zizoya ngokuqhubeka zishabalale, imisalela yemikhiqizo izokhishwa bese kuthi imfucuza enganamkhuba iyolahlwa 'kuzindunduma ezinkulu' ngaphandle kwedolobha. Ngakho ke ikusasa leGoli liyoqhubeka ngokulolongwa ngumlando wezimayini, kuthi nezindunduma ezinkulu ezingaqoqeki esizibona namhlanje mhlawumbe ziyophenduka izintaba zedolobha zakusasa.

Kodwa lokhu kungenzeka kanjani nje nempela—umuntu ongazi oyisihambi eGoli angazibuza lo mbuzo—kungenzeka kanjani ngempela ukuthi idolobha lingaphili nje kube ukuphela kodwa likhule lidlondlobale, phakathi kwezindunduma zodoti? Kungenzeka kanjani ukuthi kube nezindunduma eziningi kangaka esenta yedolobha? Mhlawumbe okushaqisayo ukuthi kwenzeka kanjani ngempela ukuthi lezi zindunduma zigcwale kangaka yonke indawo kodwa amalunga omphakathi angathi vu ngalezi zindunduma? Ake ushayele udlule lezi zindunduma uma uhamba nabavakashi abavela ngaphandle uyobezwa bemangala bebheka yonke indawo. Shayela ke udlule lezi zndunduma nomuntu waseGoli, angeke uzwe nelil-odwa izwi. Kuza kanjani ukuthi lezi zindunduma zibe kuyo yonke indawo kodwa zingabibikho emicabangweni yabahlali baseJozi?

Mhlawumbe ukungabi nendaba kwabahlali basemadolobheni —ngisho nokungaziboni nhlobo izindunduma kuyisibonakaliso sokuthi abantu bazifundise kanjani ukwamukela idolobha nezwe labo elinomlando olukhuni. Umlando ogcwele ubumpofu, uband-lululo, ukungalingani, ubugebengu nokungcola kwendawo ube futhi ugcwele ukuzwana nokuxolelana, ukungapheli kwamandla nenhliziyo kubantu kanye nobuhle nokungajwayeleki kwezwe laseNingizimu Afrika.

NguMara Kardas-Nelson

nokwenza lokhu. Bakhathazwa ukuthi ukususa izindunduma kungaphakamisa uthuli olunobuthi obungagulisa abahlali kulezi zindawo.

Akubona bonke abantu abakuthakasele ukumbiwa kabusha kwemikhiqizo emidala. IDRDGold bahlangana phezulu nengalo yomthetho ngenkathi bezama ukumba imikhiqizo endundumeni ephakathi kwedolobha ngo-2006. Le ndunduma yayikade iyindawo yokubukela amafilimu uhlezi emotweni eyaziwa ngokuthi iTop Star kusukela ngeminyaka yawo-1960. Inhlangano iProvincial Heritage Resources Authority of Gauteng (PHRAG) yathi lesi senzo siphikisana nomthetho wokugcinwa kwamafa esizwe ngoba sizokona isikhonkwano somlando. Yize noma iDRDGold yalahlwa icala, yaqhubekela phambili nokumba. Imizamo yale nkampani yayesekelwe inyunyana iNational Union of Mineworkers (NUM)—eyaziwa njengesitha esikhulu sezinkampani zezimayini—ngenxa yesithembiso semisebenzi engango-1,000. INUM ayiyodwa kulokhu: imiphakathi emining iyakwamukela ukumbiwa kabusha kwezindunduma njengendlela yokuveza amathuba emisebenzi.

Emuva cisho kweminyaka eyishumi, kusele kuphela ishashalazi lendunduma iTop Star, uphawu lwayo lokungenisa izimoto alusek-ho ndawo. Indawo lapho kwakume khona indunduma sekukhona amanzi abomvu anoqweqwe oluphuzana, olufana nezilonda ezivu-zayo ezonakele esikhumbeni somhlaba. Amasu ngengomuso lale ndawo akakaziwa okwamanje. Ogandaganda bokumba abambalwa bamile abanyakazi phezu kwalesi sikhewu balinde ozokwenza isinqumo.

Ukusondelana kakhulu kwezindunduma zezimayini nedolobha elikhulu kanye nomlando waseNingizimu Afrika, yisona siza-thu esenza idolobha laseGoli lithinteke kakhulu ngezinkinga ezidalwa izindunduma zezimayini ukwedlula ezinye izindawo. Ngaphansi kombuso wobandlululo, umthetho waseNingizimu Afrika wawubasekela osozimayini, hhayi kuphela ngokwakha izimo zokusebenza eziphakela umhobholo wezinkampani wokumba igolide kodwa nangokungabophezeli izinkampani ukuba zinakekele indawo nemvelo. Yize noma imithetho isitshintshile ngaphansi kombuso wentando yeniningi, ukubeka iziphophezelo zokuvikelwa nokunakekelwa kwendawo nemvelo nemiphakathi, kunezinqi-namba eziningana. Uhulumeni akakwazi ukuthola inhlawulo noma imali kosozimayini abashiya lezi zindunduma. Okwenzekayo manje ukuthi izindunduma zezimayini ezisele seziphenduke umthwalo kahulumeni okanye wezinkampani ezimbalwa ezifisa ukuziseben-zisa izindunduma. Ngakho ke ukukhombana ngeminwe ngamahlala ekhona, lapho uhulumeni nosozimayini bekhombana ngeminwe ngobudedengu nangokungenziwa kwemisebenzi ngendlela egcu-lisayo. Uhulumeni uthi osozimayini, abasha nabadala, kufanele nakanjani babe yingxenye yokuxazululwa kwezinkinga. Osozimayini bathi ukuthwesa umthwalo womlando owaqalwa osozimayini bangaphambilini akulona iqiniso, bathi futhi lesi senzo sizokwe-hlisa ukutshalwa kwezimali zokuthuthukisa umnotho wale lizwe. Omunye nomunye uthi akube ngomunye okufanele alungise indawo nemvelo. Zininingi ke izindunduma okufanele zilungiswe! Cisho zin-gu-400 izindunduma zezimayini ezisendaweni yaseGoli. Kusungela ngo-1987, i-United States Environmental Protection Agency yabeka yathi: 'Izinkinga ezihambisana nezinsalela zezimbiwa zingabekwa njengezesibili emuva kwenkinga yokushisa nokuncunzeka kom-khathi ovikela amandla elanga lingashisi kakhulu uma kubalwa izingozi zezemvelo. Ukukhululwa kobuthi obuphuma kwizinsalela zezimbiwa bugcwale yonke indawo kungadala umonakalo omkhulu ongenakubuyiselwa emuva.'

Nakuba kunamathuba azwakalayo okwenza imali akhuthaza izinkampani zezimayini ngokumba izinsalela zezimbiwa ngakwelinye icala, incane kakhulu imali etholakala ngokuhlanza amanzi angcoliswa i-asidi ekhishwa kwizinsalela zezimbiwa zezimayini. Le asidi yenzeka ngezindlela eziningi: ngamanzi ageleza ngaphansi kwemisalela yezimayini; ngokungcola kwamanzi asetshenziswa ngesikhathi kumbiwa izinsalela ezindundumeni ezindala ukukhipha imikhiqizo emisha; emigodini engaphansi eyashiywa ingavaliwe osozimayini emuva kokumbiwa kwegolide eseyagcwala amanzi. Ngesizathu sokuthi akubi sobala ukuthi ngubani ngempela oqondene nalesi simo esibi, izinkulungwane zamalitha amanzi ane-asidi asala enganakiwe. Kuyabiza ukuwahlanza la manzi. Izinkampani zingasebenzisa imali engango-0.5 wezigidigidi zamarandi noma ngaphezulu ukwakha ipulanti yokulungisa amanzi endaweni eyodwa yokusebenza, kanti ziningi kakhulu izindunduma ezingenazinkampani ezisebenza kuzona. Zikhona izinkampani ezicinga izindlela zokuwahlanza amanzi ngenhloso yokuwathengisa kodwa ezinye zifuna kube uhulumeni ozoza nesu. Okwangalesi sikhathi, izindunduma okungasetshenzwa kuzona kanye nalezo okusetshwa kuzona, ziyaqhubeka nokuchithela amanzi ane-asidi emifuleni yamanzi aseGoli. Kubonakala sengathi uhulumeni nezinkampani 'banethemba' lokuthi umphakathi uzofulathela ubheke eceleni.

Inkinga yamanzi angcolile iyakhula, kunamanzi asephumele ngaphezulu aphuma emigodini yezimayini eyashiywa ngo-2002. Imiphumela yalokhu iyabokala emifuleni yedolobha eminingi. Izibalo ezithathwe kuzingxenye ezehlukene zomfula iKlip, ogeleza udlule eSoweto, zikhombisa ipH ephansi engaphansi kuka-2. La manzi asetshenziswa ukunakekela imfuyo, ezingadini zemindeni, ukuwasha impahla, ukupheka emakhaya, ukudlala kanye nangabathandazi ane-asidi ephezulu ngokweqile. Kubalelwa ekutheni izimayini zegolide eWitwatersrand zinamalitha amanzi angcolile ayizigidi ezingu-350.

Impi phakathi kukahulumeni nosozimayini ngesibophezelo salo msebenzi, kanye newozawoza lemali elisha lokumbiwa kwezind-unduma kukhishwe imikhiqizo, kushiya abahlali basemalokishini nasemikhukhwini eseduze nezindunduma bengondingasithebeni. Babhekane nenkinga embaxambili yokuphefumula umoya ogcwele uthuli ongcolile nokusebenzisa amanzi angcolile anobuthi kanye nokwesabiswa kokuxoshwa. Uhulumeni, amaqembu abavikela nabanakekela indawo nemvelo, kanye nosozimayini, bonke bathi indawo abahlala kuyona ayikulungela ukuhlala abantu. Umthetho wezwe uthi abantu akufanele bahlala endaweni engaphansi kwamamitha angu-100 ukuqhelelana nendunduma, kodwa lo mthetho awusutshenziswa ngokwanele ukuphoqa abantu bawuland-ele. Abantu abaswele indawo bazakhela amakhaya noma kukuphi lapho bethola khona indawo evulekile. Ngenxa yalezi zizathu, sekube khona ukuhilizana phakathi kwamaqembu amelele izakha-muzi kanye namaqembu abavikela nabanakekela indawo nemvelo ngakwelinye icala, naphakathi kukahulumeni nosozimayini ngak-welinye icala. Iqembu labahlali liyavumelana namanye amaqembu ngokuthi izindunduma ziyingozi zinobuthi. Liphinde lithi ukukhat-hazeka ngempilo kanye nendawo nemvelo akungasetshenziselwa ukusekela ukuthi baxoshwe—lokhu kuyisisabiso esikhulu kubo bonke abahlali basemikhukhwini abahlala ezindaweni eziyingozi ngesinye isikhathi ezingekho emthethweni eNingizimu Afrika.

Ukwesaba kwabo kunesisekelo. Ngo-2011 iNhlangano Yezwe Yokulawula iNunzu eyaziwa ngokuthi iNational Nuclear Regulator (NNR) yakhipha isinqumo sokuthi basuswe abahlali

Ukuphuma kuSoweto Highway noN1 Junction, Soweto

Fences installed on top of a mine dump in an attempt to keep sand from blowing off the dump into nearby communities.
Off Soweto Highway and N1 Junction, Soweto

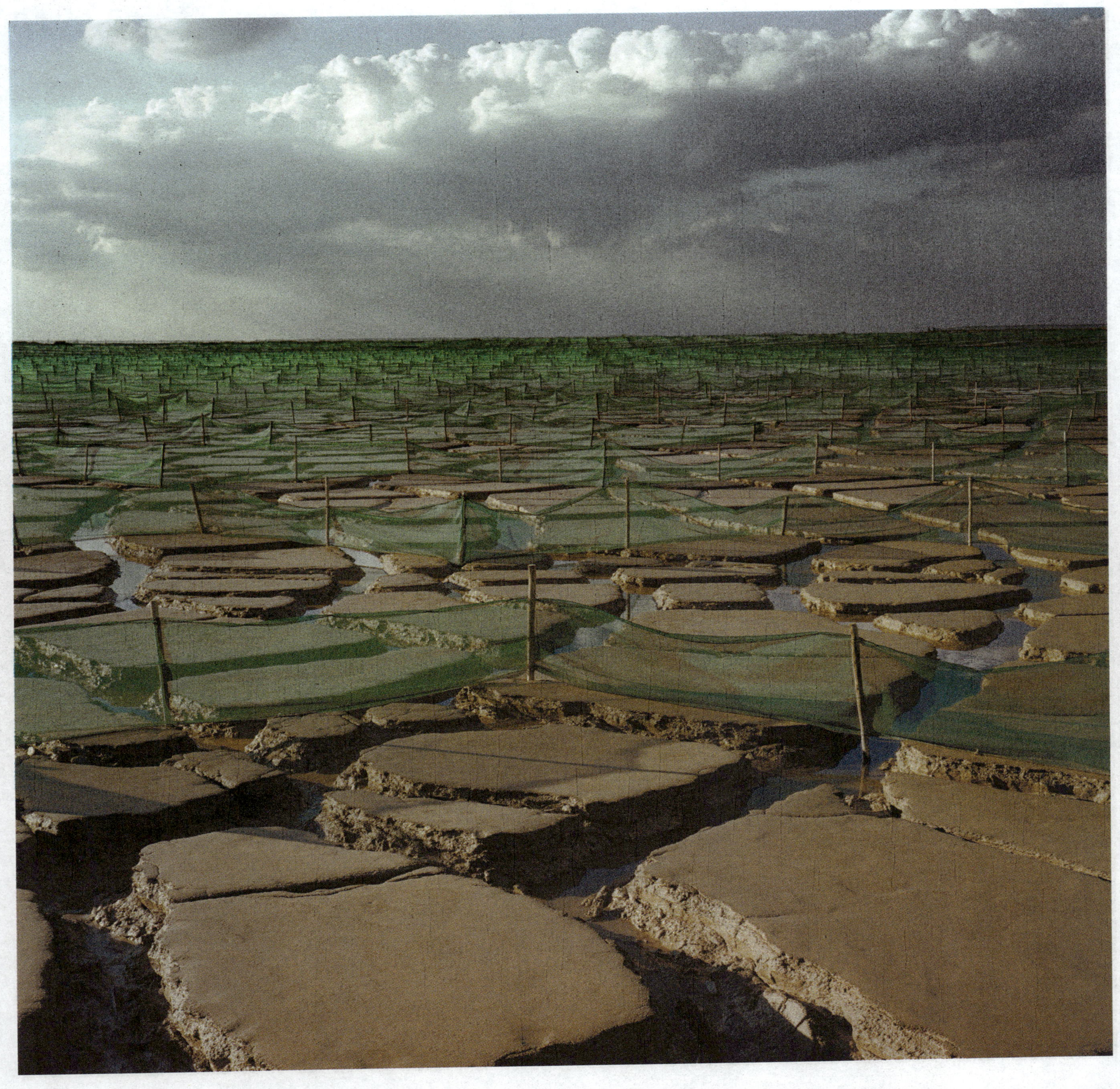

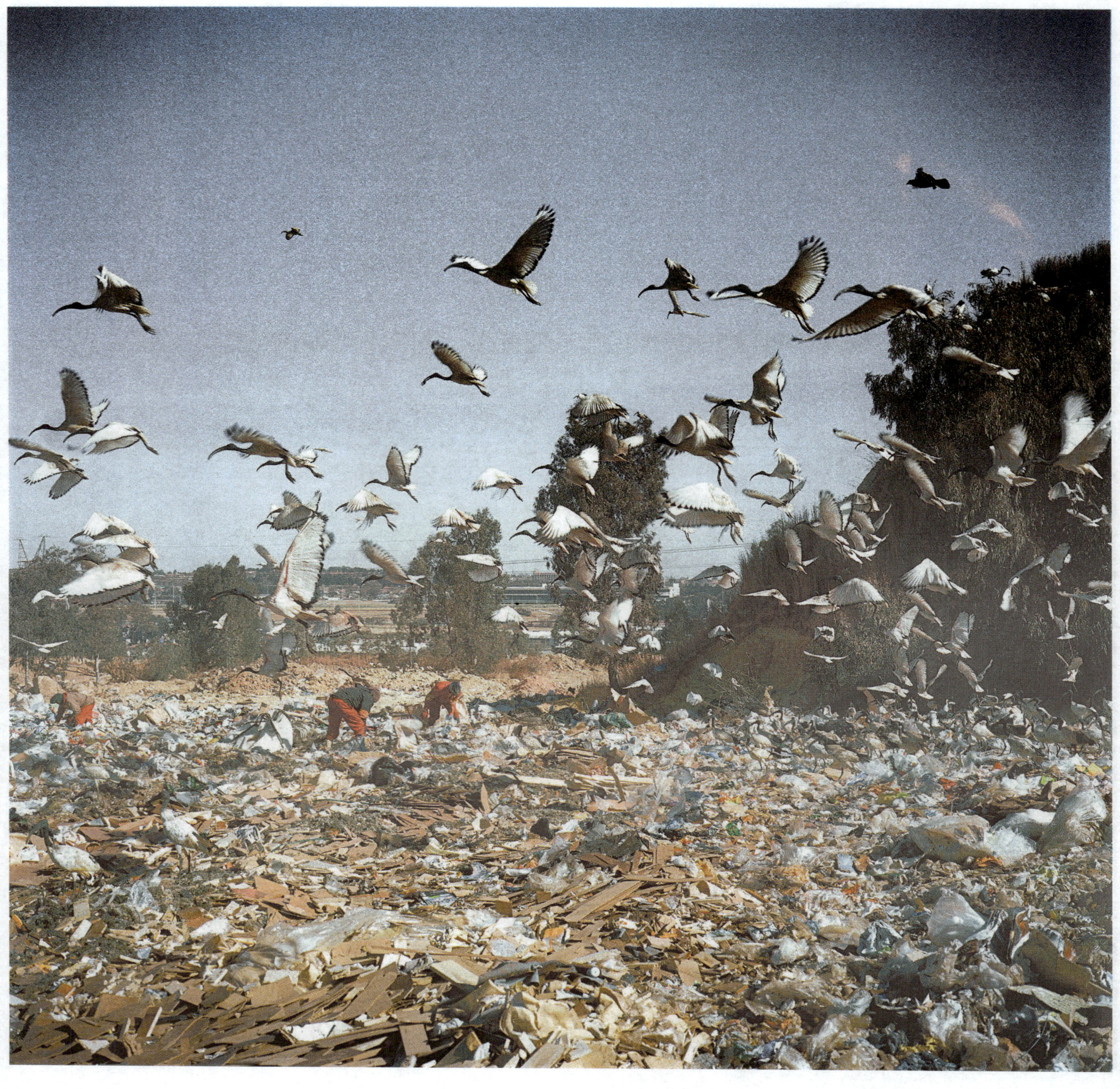

Inqwaba kadoti wedolobha phezu kwendunduma yemayini endala ephakathi kweGoli.
Ukuphuma kumgwaqo uRosettenville, Booysens, Johannesburg

A commercial rubbish dump on an old mine dump in central Johannesburg.
Off Rosettenville Road, Booysens, Johannesburg

Ukuzamazama komhlaba okubangwa amanzi ahamba ngamaphayi-
phi ngaphansi komhlaba. Emikhukhwini yaseJerusalema, ukusuka
emgwaqeni iMain Reef eduze kwendawo lapho kulungiswa khona
indunduma, abahlali bakhononda ngokuvuswa ukunyakaza kom-
hlaba ebusuku nokungakwazi ukulala kahle.

Ukukhononda ngezindunduma, kusho ukukhononda nangoku-
nye okuningi—njengobandlululo, ukucwasana ngo-kobuzwe, ubuk-
honyovu, nokungenziwa kwemisebenzi. Abahlali bakule mikhukhu
babuza imibuzo ngezindunduma ukukhuluma ngokubaluleka
kwempilo yabo: ukungabikhona kwezindlu zokuhlala, ungabikhona
kwamanzi ahlanzekile, ungabikhona kwemisebenzi, isizinda
sezempilo esingesikho esimweni esihle, izikole ezigugile. 'Akukho
lutho olwenzekayo,' kusho u-April. Akukho DA, akukho ANC,
akukho makhansela—akekho osisizayo. Abantu bafuna amavoti
ethu, kodwa abasisizi ngalutho.'

Izimpendulo ozitholayo ngomlando wasemayini ziya ngokuthi
ngobani obabuzayo, bahlalaphi, bahola malini, bangakuliphi
icala kwezepolitiki. Bambalwa ePotchefstroom, indawo ehlala
amaBhunu engamakhilomitha angu-120 ukusuka eGoli, emnceleni
wesifundazwe zaseNyakatho Ntshonalanga abakhononda ngezi-
mayini, yize noma amanzi abo engcoliswe yizona izindunduma.
Abanye abahlali abangenamahloni bayakhuluma, kodwa basebenzi-
sa leli thuba abalinkwa izintatheli ezifuna izindaba, ukugxeka
ukwehluleka kukahulumeni ukunakekela indawo nempilo yabantu.
Umlisa womlungu obekwazi ukwenza umsebenzi, alungise aqikele-
le umsebenzi … uyakhathala ahambe,' kusho umdobi uJohann van
der Westhuizen, eBoskop Dam, okubikwa ukuthi nalo linamanzi
asengcoliswe ubuthi. Ukukhuluma ngezindunduma zasemayini
kusho ukukhuluma ngeNingizimu Afrika.

Yize noma izindunduma zezimayini ziyingxenye yesithombe seGoli,
akusho ukuthi ziyohlala unomphela. Ukwenyuka kwentengo
yegolide nensimbi iyureniyamu ekuqaleni kweMileniyamu entsha
kwenze ukuthi izinkampani zezimbiwa ziqale ukubheka izinsalela
zemikhiqizo yezimayini ukwakha umnotho omusha. Ukuthuthuka
kwetheknoloji sekwenze kwaba lula ukuthi izindunduma
zezimayini zidilizwe kukhishwe kuzona imisalela yensimbi ebisele
emhlabathini. Kuthiwa, njengomphumela walokhu, kusukela ku-
2005 cishe u-40% wamadamu anezinsalela zemikhiqizo awasekho
ezimayini zakuleli zwe. Izinkampani ezincane zaseNingizimu Afrika
zidonsa phambili kule mizamo yokukhipha umnotho wensimbi
kuzinsalela zezimayini.

Abakhulumeli bezendawo nemvelo, amalunga omphakathi,
izifundiswa kanye nohulumeni bakhathazekile ngomthelela izind-
unduma ezingaba nawo endaweni kwimvelo nasempilweni yabantu.
Imikhiqizo eminingi etholakala kulezi zindunduma—efana nen-
simbi iyureniyamu, umthofi, kanye nekhemikhali eliyingozi (i-arse-
nic)—futhi elinobuthi. Ukuba sendaweninye nale mikhiqizo kungay-
ikhubaza kakhulu impilo yabantu. Yize noma le mikhiqizo enobuthi
yensimbi iyingxenye yemvelo nendawo, indlela esetshenziswayo
yokukhiphela ngaphezulu, kwenza ukuthi ibe sobala ngaphezu
komhlabathi. Lokhu kwenzeka ngokushesha okungefani nalokho
okwenzeka ngokuguguleka komhlabathi, okuveza umthamo
womkhiqizo omncane emuva kwesikhathi eside. Iyureniyamu iyona
esabisa kakhulu, ukubiza igama layo kuletha emqondweni wabantu
izithombe zezikhali zenunzi nobuthi (abangakhuzeki babiza
izindunduma ngokuthi 'iChernobyl yaseNingizimu Afrika') [basho
isiga esenzeka edolobheni lase-Ukraine ngo-1986 lapho kwenzeka

ingozi esiteshini senunzi kwafa abantu bebulawa ubuthi]. Ukuba
sendaweninye enezinga eliphezulu leyureniyamu kubeka impilo
esimweni esibucayi—kuhlasela izinso, ingqondo, isibindi, inhliziyo
kanye nezindlala—kodwa umphumela wokuba sendaweniyinye
neyureniyamu isikhathi eside akukakaziwa.

Izinkinga zezifo okucatshengelwa ukuthi zihambisana
nokuba sendaweninye nezindunduma zezimayini zihlukehlukene,
ezinye zimbi kakhulu. Omunye umama ovame ukukhuluma
kumaphephandaba, uthi ukukhubazeka kwendodana yakhe kun-
gumphumela wamanzi anobuthi basezimayini eziseduze nomuzi
wakhe. Labo abahlala emapulazini, emalokishini nasemikhukhwini
engesemgwaqeni iMain Reef bathi baphathwa isifo samaphaphu,
amehlo, izinso, ukukhubazeka kwenzalo kanye nekhensa. Abanye
abalimi kanye nabanikazi bamaphaki bathi izilwane zabo ziphuma
izisu. Bonke basola amanzi nomoya ongcoile.

Kuze kube manje, akukho kulokhu okushiwoyo okungasulelwa
ngokungangabazi phezu kwezindunduma zezimayini, kanti futhi
angeke konke kuphikwe isimahla. Zimbalwa kakhulu izifundo
zocwaningo ezenziwe eNingizimu Afrika ngezingozi zokuthinteka
kwempilo ezihlobene nezindunduma zezimayini, lokhu kungenxa
yokuthi, ngaphandle kwamanje, uhulumeni akakaze akhokhele
nesisodwa isifundo sophenyo (umbiko ukhishwe uMnyango
Wezolimo nokuThuthukiswa kweZindawo zaseMaphandleni manje
ngo-2012), esinye futhi salezi zizathu, ukuthi kunzima ukukhombisa
ukuhlobana okungumphumela wokuba sengcupheni yokuguliswa
ukuba seduze nobuthi obusezingeni eliphansi isikhathi eside kanye
nezinkinga zempilo. Lokhu kungenxa yokuthi abantu bahlala
njalo basengcupheni yokuguliswa ubuthi namakhemikhali ezimo
ezahlukahlukene esikhathini sonke sempilo yabo. Ukulandela
lokhu iminyaka eminingi akululula. Lokhu kuphinde kwenziwe
nzima ukuthi imiphakathi ehlala eduze nezindunduma zasemayini
esengcupheni yokungenwa izifo ngeyabantu abampofu futhi
abangahlali endaweni eyodwa. Okusho ukuthi vele laba bantu
basengcupheni yokuguliswa ezinye izifo empilweni yabo kanye
nokuthi abahlali endaweni eyodwa isikhathi eside ukuze bakwazi
ukuhlolwa ngokulandelela okwenziwa isikhathi eside.

Yize noma bungekho ubufakazi obugcwele obukhomba izindun-
duma zezimayini njengembagela yezifo, kodwa abasebenza nabazi
kabanzi ngezendawo nemvelo bathi yinye into engenziwa uku-
qinisekisa ukuvikeleka kwabantu nemvelo, ukuzisusa izindunduma
zezimayini ziphele nya!—lokhu kunikeza izinkampani ezifuna uk-
wenza imali ngezindunduma zezimayini ezisasele isu elamukelekile.
Ekwenzeni lokhu, zizobe zizenzele imali. Ngakho ke lezi zinkam-
pani zizobe zikhuluma ngokulungisa indawo nangokuvikela impilo
yomphakathi zibe futhi zizenzela imali ngesikhathi esisodwa. Iningi
imali engenziwa ngalo msebenzi. Ngetani ngalinye lodoti eliqoqiwe,
izinkampani zingenza phakathi kuka-R70 kuya ku-R600 wamarandi
ngezinsalela zemikhiqizo.

Ezinye izinkampani, ikakhulukazi ezincane, sezizakhele
ubuhlobo obungandile namaqembu asekela ukuvikelwa kwendawo
nemvelo, afisa kupheliswe izindunduma zezimayini ngokukhokhela
umsebenzi wabo wokufundisa nokwazisa umphakathi ngezinkinga
ezilethwa izindunduma zezimayini. Imiphakathi iyakhuthazwa
ukuba isekele ukupheliswa kwezindunduma. Lesi senzo sisiza
izinkampani ezifuna ukukhipha izinsalela zemikhiqizo kulezi
zindunduma. Nakuba amaqembu asekela ukuvikelwa kwendawo
nemvelo kanye nezinkampani zezimayini beba nobudlelwano
baphinde kwesinye isikhathi bangahoshelani umoya. Amaqembu
asekela ukuvikelwa kwendawo nemvelo ayakuphikisa ukususwa
kwezindunduma ezindaweni zokuhlala abantu okwenziwa
ngaphandle 'kokuhlolisisa kabanzi kwezingozi' ezihambisana

Ikhasi elingemuva / previous image
Izindlu ezakhiwa uhulumeni eDavidsonville zisondelene kakhulu nendunduma yasemayini.
Emuva kwezimvula ezinkulu, izitaladi zakuleli lokishi zimbozwa isihlabathi esiqhamuka
endundumeni yemayini.
Ukuphuma kusitaladi uJohn Mackenzie, Davidsonville, Roodepoort

Government-built houses in Davidsonville situated too close to an old mine dump.
After heavy rains, the streets of the township are covered with sand from the dump.
Off John Mackenzie Street, Davidsonville, Roodepoort

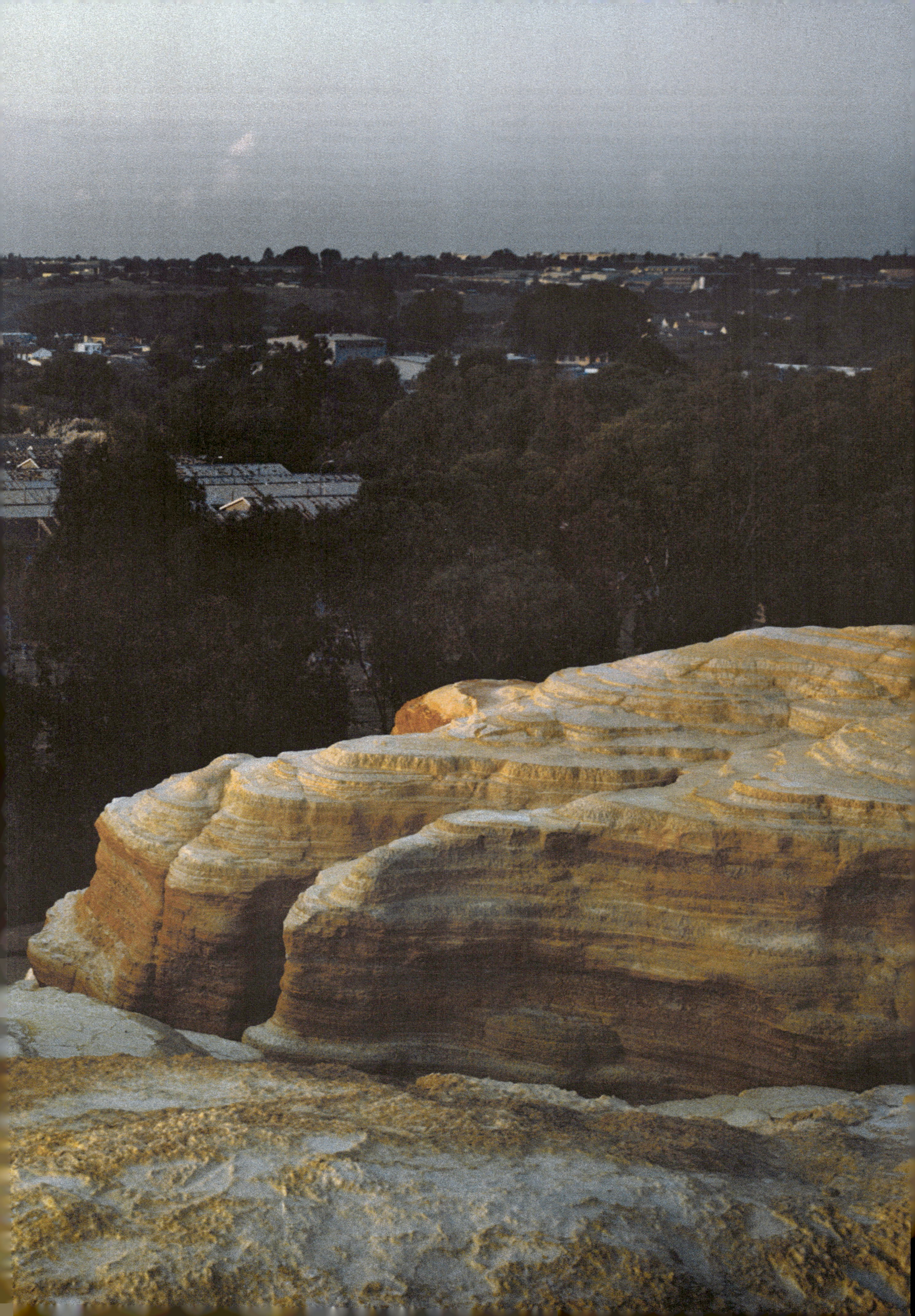

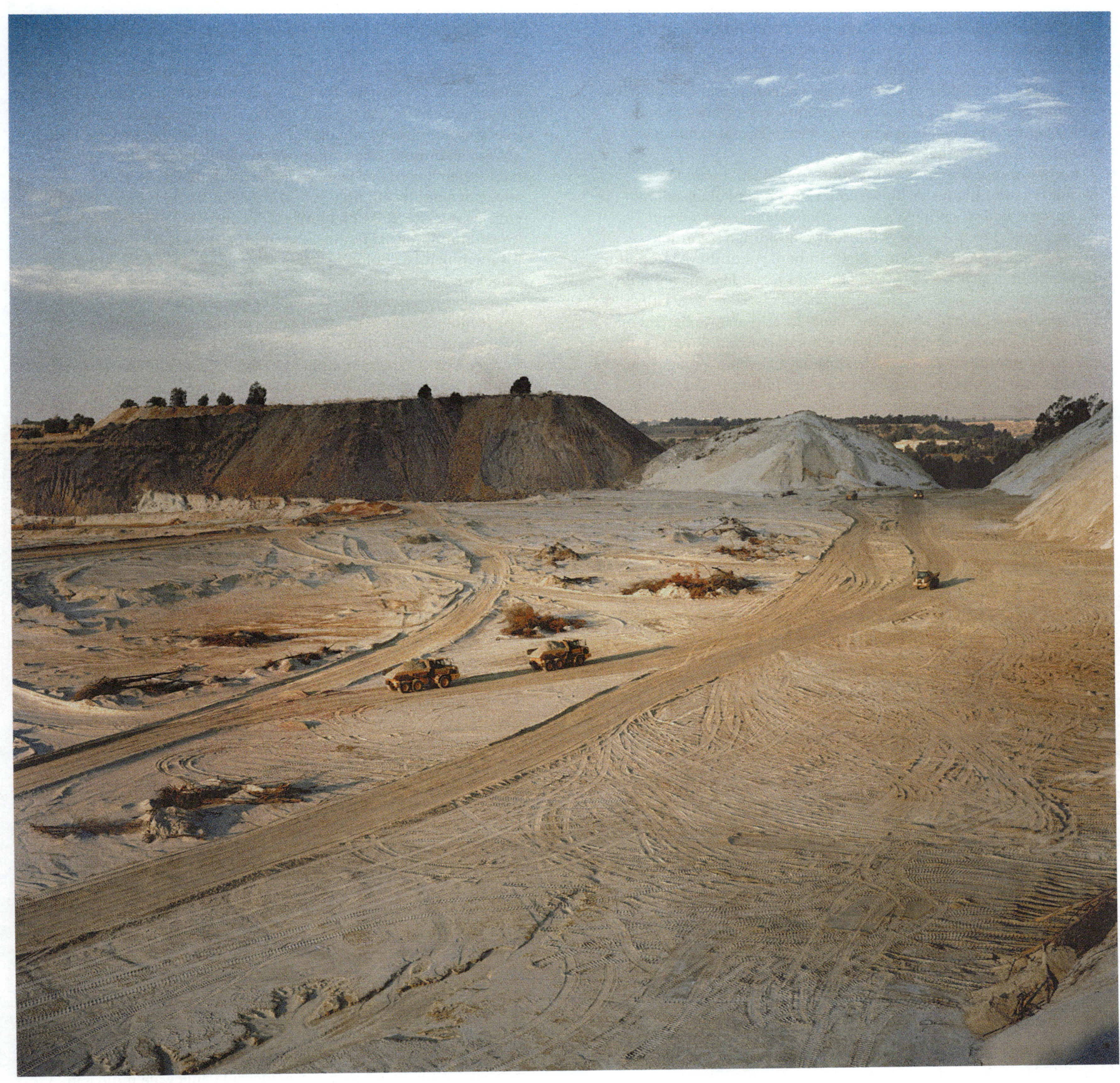

Amaloli athwala isihlabathi esisuka kundunduma 20 engenye yezindunduma enkulu kunazo
zonke emhlabeni, asithuthela ezitimeleni ezisidlulisela kupulanti engamakhilomitha amane
ukuqhela, lapho igolide elisele likhishwa khona. Inkampani iGold 1 yaqala ukuyithatha le
ndunduma eminyakeni eyisithupha eyedlule, futhi isikhiphe amatani angu-17 ezigidi zothuli.
Ukulungiswa kwendawo ukuze ikwazi ukuhlala abantu kulindeleke ukuba kuqale ngo-2018.
Ukuphuma kumgwaqo uTweelopies, eduze nomgwaqo iMain Reef, Randfontein

Trucks transport sand from Dump 20, once one of the largest in the world, to trains that
deliver the sand to the processing plant four kilometres away where any remaining gold is
extracted. Gold 1 has been reclaiming the dump for six years, and has removed 17 million tons
of waste. Rehabilitation of the land, earmarked for public open space, is scheduled to begin
in 2018.
Off Tweelopies Road, near Main Reef Road, Randfontein

Ngesikhathi iGoli lishintsha, umthetho wobandlululo wenza isiqiniseko sokuthi indlela yokuhlala ngokwahlukana ngokobuzwe ayiguquki. Abantu abaningi abampofu—ikakhulukazi abantu abamnyama baseNingizimu Afrika kanye nabanye abangama-Afrika basahlala ezindaweni eziseduzane nalapho kwakumbiwa khona igolide okanye emalokishini amaningi asezindaweni ezikhulayo nezandayo ezingenanqalasizinda.

Kodwa munye umehluko omkhulu: amalokishi nezindawo zokuhlala zanamhlanje azakhiwe eduze nezimayini okusetshenzwa kuzona, kodwa zakhiwe eduze *nezindunduma zasezimayini.* Ukuguquguka kwentengo yegolide kanye nesidingo sokumba igolide lokugcina elisele sekuyehlisile imboni yokumbiwa kwegolide yaseNingizimu Afrika. Kwathi uma intengo yegolide yehla kakhulu ngeminyaka yawo-1990, osozimayini abakhulu ababesasele balishiya leli lizwe, bawushiya phansi nomsebenzi kwathi abanye bayithengisa impahla yabo. Abanye babezivala izinkampani ezinkulu bazenze zibe izinkampani ezincane ezisebenzisanayo. Imboni yabonakala sengathi isengcupheni yokufa. Kodwa izindunduma—ezaziwa ngokuthi amadamu ezinsalela—zasala zimile. Uma ubheka emuva izindunduma zegolide seziyingxenye yendawo nokuhlala nokuphila kwabantu bedolobha.

Alikho iGoli ngaphandle kwezindunduma zegolide. Uma undiza phezulu ubuka idolobha, uzibona yonke indawo izindunduma zegolide: eduze neSoccer City, eduze nesenta yedolobha, eduzane neChina Mall nangaphandle kwedolobha eduze kwamapulazi ambalwa asasele. Amaningi ala mapulazi agcina ukulinywa eminyakeni eminingi eyedlule. Kwamanye amapulazi kunamanethi amadala abamba uthuli ngesikhathi sokubhenguza komoya. Kwamanye kunamabala aluhlaza otshani obuluhlaza obugqagqene obukhula emaceleni naphezu kwezindunduma, okuyisiboniso semizamo yokutshala izitshalo ezizokwazi ukubamba uthuli nokuguguleka komhlabathi. Ezinye izindunduma ziwugwadule, ezinde kunazo zonke zimile zithe phuhle, ngamatshe adwalile agqolozele ezinye ziphakeme idolobha.

Kodwa kuyaphilwa futhi kumnandi lapha. Abagibeli bamabhodi okushishiliza basebenzisa lezi zindunduma njengezinkundla zokudlala, bathi ukucoliseka komhlabathi kwenza izindunduma zibe yindawo efanelekile yokushishiliza amabhodi, basho nokuthi empeleni zingcono kunezidili ezidumile zaseNamibia. Amakholwa athola indawo yokuthula noxolo kulezi zindunduma. Lezi zindunduma ziphinde zisetshenziswa njengezindawo zokubukisa umsebenzi wabadwebi, zokuthatha izithombe kanye nezindawo zokwenzela amafilimu.

Okunye okubalulekile ukuthi abantu abaningi abampofu bakhe imizi yabo eceleni kwalezi zindunduma. Imijondolo iklele phansi kwalezi zindunduma; eminye yayo ihlezi icuphile phezu kwalezi zindunduma. Lezi zindunduma zihlala abantu abaningi baseNingizimu Afrika abangenalutho kanye nabokufika abaphuma emazweni ase-Afrika nabakuleli zwe abaphuma emaphandleni abaze kuleli dolobha ukuzofuna imisebenzi. Lesi senzo sifana nse naleso sokuthutha kwabantu beshiya amakhaya abo beyofuna imisebenzi emadolobheni, ebesenzeka eminyakeni eyikhulu eyedlule. Cishe abantu abayizigidi ezimbili bahlala eduze kwamatani acishe abe yizigidigidi eziyisithupha zothuli lwezindunduma ezingamakhulukhulu zedolobha.

Imikhukhu eyakhiwe kulezi zindunduma zegolide iqala kancane kancane yakhiwa ngabantu abaswele indawo yokuhlala abangena noma ngabe yikuphi lapho bengafihla khona amakhanda. Izindunduma zegolide ziyaheha ngokumangazayo ngoba ziseduze memizila yezitimela nemigwaqo—okuyingxenye yezokuthutha, yona kanye, eyayithutha igolide ezimayini ililethe kumafektri okulilungisa—lokhu kubaluleke kakhulu kulabo abasebenza edolobheni. Okunye ukuthi izindunduma zegolide eziningi kanye nomhlaba ezikuwona bezisele zodwa zingenamnikazi kusukela ngeminyaka yawo-1990. Lokhu kwenza ukuthi zibe yindawo eheha abantu abampofu, abangenandawo yokuhlala nabaziphilisa ngokuthengisa—labo abafuna indawo yokuhlala eshibhile eduze nedolobha elikhulu. Eminye yale mikhukhu inemvelaphi engajwayelekile. Kukhona imikhukhu embalwa eyakhiwe phakathi kwezindunduma ezinkulukazi ezimbili eziphakathi kwendawo yezamabhizinisi edolobha laseGoli. Abahlali, yiqembu lamadoda, elabekwa lapho umqashi wabo ophethe inkampani yezokwakha, eminyakeni engamashumi amabili eyedlule. Basuswa ehostela eyayisedolobheni ngenkathi kusuka uthuthuva phakathi kwabalandeli be-Inkatha Freedom Party (IFP) ne-African National Congress (ANC), ngaphambi kokhetho lokuqala lombuso wentando yeningi. Abazange baphinde basuke. Omunye wabo laba balisa onomoya wohwebo wenza imali ngokugcina izinja zokuzingela zendoda yesigwili endlini yezinja eduze nomkhukhu wakhe. Yize noma lokhu kubacasula omakhelwane bakhe, uyazidedela izinja zizihambele umathanda endaweni, aphinde azisize ukunyakazisa imizimba phakathi kwezikhathi zokuphuma ziyozingela ngezimpelasonto.

Njengakuzo zonke izindawo zokuhlala emikhukhwini, abahlali abasekelwa ngalutho. Akunawo ugesi owanele lapha, kunethoyilethi elilodwa noma amabili asetshenziswa ngabantu abaningi. Abahlali babona izikhulu zikahulumeni kuphela uma kunesisabiso sokuthi bangaxoshwa endaweni okwenzeka uma kutholakala ukuthi leyo ndawo ingasetshenziselwa okuthile.

Ngomzuzwana nje uhamba emikhukhwini eyakhiwe phansi kwezindunduma zegolide, izicathulo nemilenze yakho zibe sezimbozwe uthuli oluthuthuva oluyimpuphu. Buza abahlali nge-nhlupheko, bonke baphendula ngazwi linye bathi, 'Uthuli, uthuli.'

'Indunduma ihlukumeza abantu ngendlela eyisimanga,' kusho uDenzil ngo-Aphreli, umhlali waseDavidsonville, okuyilokishi lamaKhaladi elakhiwe uhulumeni wobandlululo phakathi kwazindunduma ezimbili eziseceleni kwamanzi angcolile. 'Isihlabathi siyingozi enkulu. Lapho kungekho khona izinyoni, kufanele wazi ukuthi kunenkinga.' Wacela uhulumeni ukuba amakhele ubonda oluzozungeza umuzi wakhe ukuvimbela udaka lungangeni endlini yakhe emuva kwezikhukhula ezinkulu zaselobho. Akazange athole mpendulo. Manje ulibuka ngokwenyanya ithende leDemocratic Alliance (DA) elixhonywe ephakini yelokishi. Ligcwele amavolontiya kodwa bambalwa abantu abadlulayo abafuna ukwazi ukuthi kwenzekalani.

Amakhilomitha ambalwa ukusuka kuMain Reef elokshini laseKagiso, nalo elakhiwe eduze nendunduma, uzwa umyalezo ofanayo. 'Uthuli luyinkinga. Luyangicasula, lugcwala indlu yonke futhi lugulisa izingane. Ziyakhwehlela kakhulu … nginesifuba somoya,' kusho uPatience Mmpuagabo.

Uthuli ngaso sonke isikhathi. Okanye imigodi ewelayo noma ukuzamazama noma amanzi angcolile. Kunezindaba ezithusayo, ezinye zazo ziyiqiniso ezinye zinehaba njengalezo ezikhuluma ngemfuyo, nezindlu ezigwinywa wumhlaba nemigodi eqhamuka esikhaleni, imiphumela yamaphayiphi angasebenzi. Kunemibiko ekhuluma ngemizimba etholakala kwambalwa ala maphayiphi.

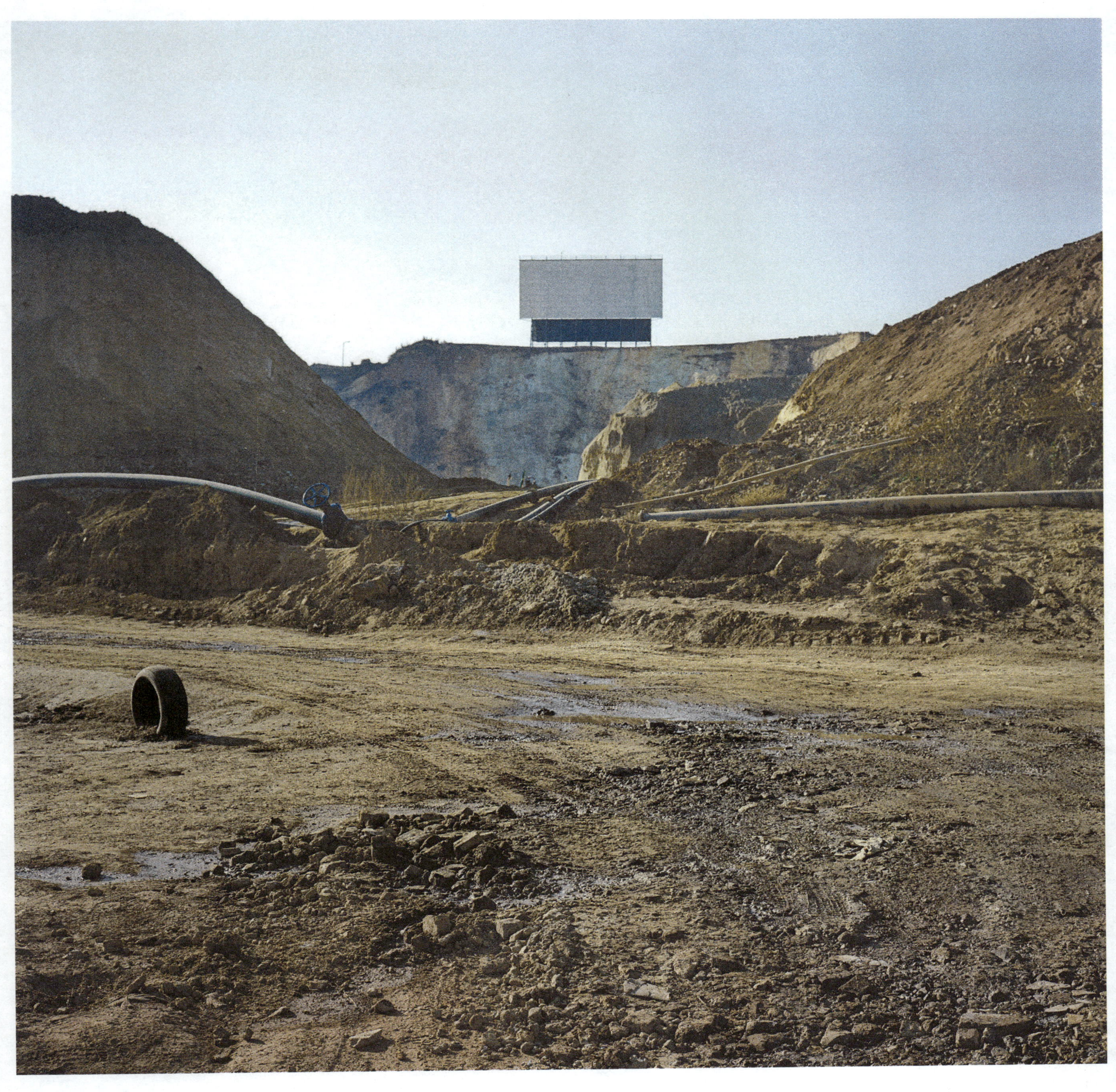

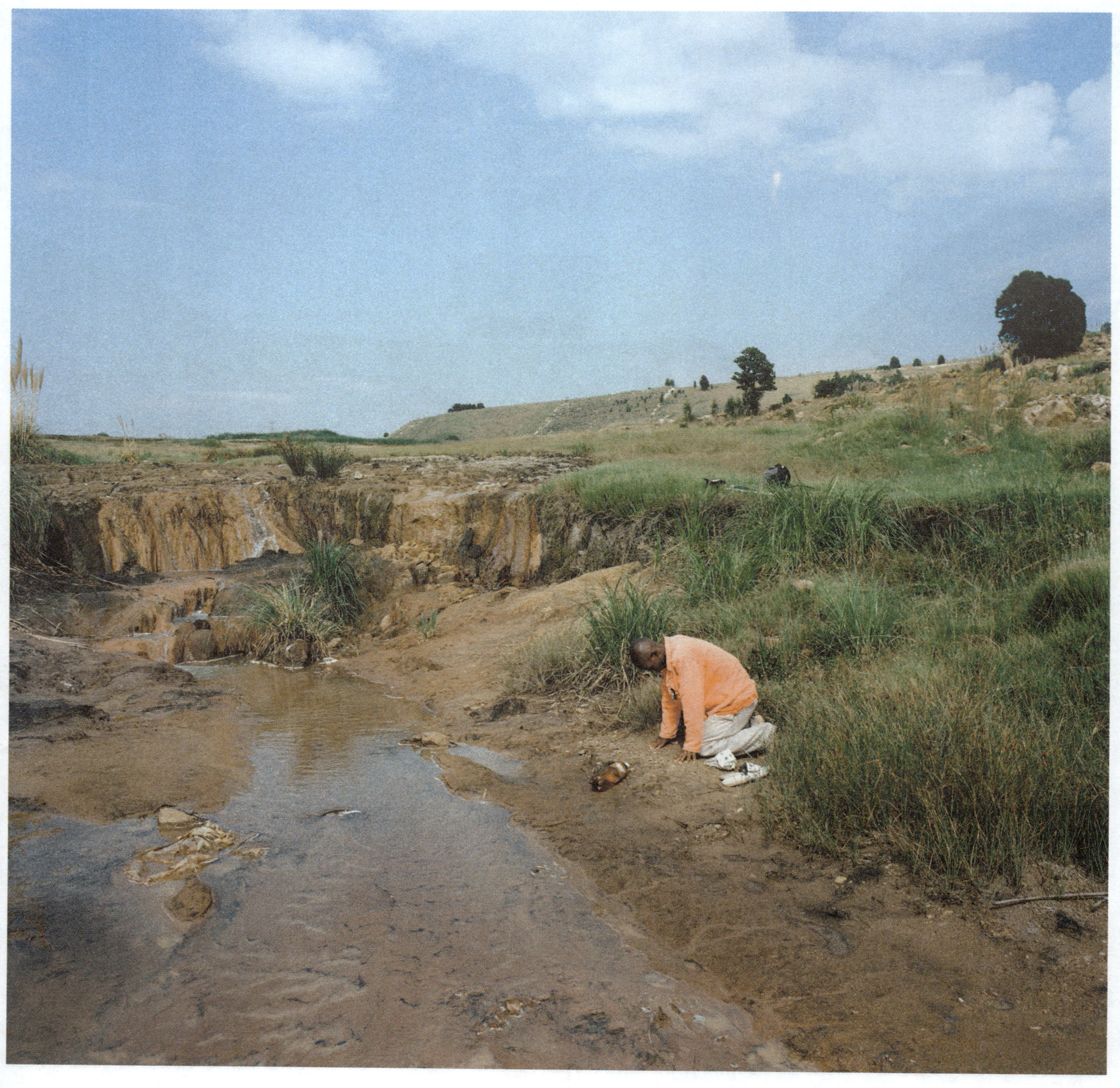

UNicolle Madrice, 36, uyathandaza ngaphambi kokuba akhe amanzi kulo mfula ongcoliswe kakhulu ubuthi obuvela kule ndunduma engaphansi kweERMP. UNicolle oyilunga le-African Independent Church, ukhuthazwa yisonto lakhe ukuba akhe amanzi amasha okuphuza, ukupheka nokuwasha kulo mfula zonke izinsuku.

Eduze nesitaladi uLeeba, Meadowlands East, Soweto

Nicolle Madrice, 36, prays before collecting water from a stream heavily polluted by a mine dump owned by ERMP. Nicolle, a member of an African Independent Church, is encouraged by his church to collect fresh water daily for drinking, cooking and washing.

Near Leeba Street, Meadowlands East, Soweto

Uma uwubuka ngamehlo, kungakumangaza ukuthi umgwaqo waseGoli iMain Reef ungakuvusela ukulangazela noma inkumbulo yakudala. Akungabazeki ukuthi mubi, futhi ubukeka sengathi awukaze ulungiswe eminyakeni eminingi eyedlule: isikontili esimpunga simagebhugebhu, imigqa ephuzi ayisabonakali ngokugandaywa amasondo ezimoto eziningi ezihamba phezu kwayo. Uma uhamba ngalo mgwaqo ubona indawo edangalisayo nefiphele: uxhaxha lwezitolo zokudla, kanye nezitolo ezincane ezimbalwa ezithengisa ukudla namaswidi; amagaraji; amapulazi akukhumbuza izinsuku zakudala; imikhukhu; abahamba ngezinyawo bekhefuzela beqonde emsebenzini noma bebuyela emakhaya; amaloli amadala alayishe abantu nezinkukhu kanye nempahla yokwakha; ubhuqu; izihlahla ezimbalwa kanye nezindlu ezidume kabi ezakhiwe ngesitayela saseTuscan ezinika ithemba elingekho lokuthutha abavakashi zibasuse edolobheni zibase emagqumeni aluhlaza ase-Italy: kanye nezindimbane zothuli.

Noma kunjalo lo mgwaqo unobuhle obuthize, ngoba yize noma umadlakadlaka, ungcolile, ufikisela usizi kodwa uyilona iGoli uqobo lwalo. Ukuhamba ngomgwaqo iMain Reef kusho ukunqamula phakathi umlando wedolobha. IGoli lizalwa lapha: ukutholakala kwendawo yegolide ngo-1886 kwaletha ukukhula ngamandla okungalindelekile kanye nokufuduka kwabantu beza eGoli okwaguqula isimo sedolobha nesezwe ngokushesha kwalenza laba indawo yewozawoza yokumba igolide yamazwe omhlaba.

Zonke lezi zehlakalo sezifana nomlando, oyingxenye yesakhiwo seGoli neNingizimu Afrika. Asizikhohliwe nokho lezi zehlakalo. Uthuli nobhuqu lomgwaqo iMain Reef luyisiqiniseko salokhu. Uma ushayela usuka empumalanga uya ngasentshonalanga uhamba kulo mgwaqo ongamakhilomitha angu-160 ubude usuka eKagiso uya Roodepoort uya eFlorida uze uyongena esenta yedolobha laseGoli, uhlangatshezwa ngamagquma qgquma angafihleki asagolide azungeze idolobhakazi laseNingizimu Afrika. Izindunduma zezimayini eziziwa ngokuthi yimisalela agcwele yonke indawo. Lezi zindundumakazi ezimhlophe ziyisikhumbuzo somlando esingasuki emehlweni okufanele iGoli nezwe lonke liwusingathe kusukela manje kubhekwe phambili.

Idolobha laseGoli empeleni lakhiwe phezu kweGolide. Lihlezi phezu kwesikhongozelo seWitwatesrand, okungesinye sezikhungo zetshe eliyigugu emhlabeni wonke. Yize noma lesi sithabathaba setshekazi legolide singasekho, konke okwaleli dolobha kungumphumela womlando wokumbiwa kwegolide. Ubuso obude obumpunga bamabhilidi akwa-Anglo American nawakwaChamber of Mines asesenta yedolobha ayisiboniso salo mlando; amabhange asakhulayo nanamuhla aqala ukukhokhelwa futhi ayakhelwe ukusekela imboni yezimayini zegolide. Umgwaqo u-M2 onqamula phakathi idolobha uhlezi phezu kwezindunduma zegolide ezindala eziphuzi ezembozwe uqweqwe lwemikhiqizo.

Uphawu lwemboni yezimayini olusobala—okungathi ngeke lwaguquka—lubonakala endaweni nakuzinhlanga zabantu bakuleli dolobha. Ukwakheka kwedolobha laseGoli kulandela umkhondo wokusebenza kwemboni yezemisebenzi kanye nemithetho eyaqalwa imboni yezimayini. Ngesikhathi sokutholakala kwedayimane okwalandelwa ukutholakala kwegolide kule ndawo esayizwa ngokuthi yiGoli ngeminyaka yawo-1900, osozimayini babethembele kubantu abamnyama abangaqeqeshiwe ukuba bambe igolide. Ukugcina nokulawula laba basebenzi, osozimayini bakha izinkomponi noma amahostela okuhlala abantu besilisa kuphela kanye nomthetho wokuphatha amapasi ukuze bakwazi ukubona abantu

abamnyama abasebenza ezimayini kanye nokulawula ukuhamba kwabo edolobheni. Labo ababengahlali emahostela babethola indawo yokuhlala phakathi edolobheni elalithe ukuqhela endaweni enothuli nokungcola kwasezimayeni kodwa eduze nezinto kanye nendawo yokusebenza.

Cisho kusukela kwasekuqaleni ukuba khona kwabasebenzi abamnyama edolobheni kwakuyisinengiso ezinhlizweni zabamhlophe futhi babekubona kuphikisana nesidingo sokuthola kalula abasebenzi ezimayini. Ngeminyaka yawo-1930 ngaphambi kokuba inhlangano iNational Party ithathe umbuso ngo-1948, abantu abamnyama basuswa bayiswa ezindaweni zokuhlala eziseduze nezimayini ukuze kugcinwe idolobha 'limhlophe'. Lezi zindawo zokuhlala zazisendaweni engeyinhle engaseningizimu lapho umoya wawuhlala ubhenguza uthuli nokungcola kwasezimayini ezazikhula ngokushesha—ulubhebhethela kuyo yonke indawo. Abamhlophe, ngaso leso sikhathi, bona bazithathela izindawo zokuhlala ngasentshonalanga yedolobha, lapho insimu yezihlahla eziluhlaza ezitshaliwe namaphaki zazizokwazi ukuvimbela uthuli. Izindawo zokuhlala ezingasentshonalanga yeGoli—iParktown, iRosebank, iHydepark, iRandburg— kuseyizindawo ezihlala ikakhulu abamhlophe, izinga labo eliphezulu lempilo nelomnotho lehluke kakhulu kwelobumpofu obutholakala emalokishini okuhlala kuwona abantu abamnyama eSoweto, eKagiso okanye e-Orlando.

Ubufakazi bomlando wedolobha butholakala kwizinsalela eziyimiphumela yokusebenza kwemboni eyayinothile. Kunezigidigidi zamatani othuli lwasemayini kuzindundumakazi ezizungeze iGoli. Izindunduma kanye namanzi angcolile, zingokunye kwezinto eziyingozi ezingumphumela wokumbiwa kwezimayini. Uma ulithinta lolu thuli uyothola ukuthi luntofontofo futhi lucoyiseke ukudlula isihlabathi sasolwandle. Lokhu kungumphumela wokuphalwa nokugugulwa kwetshe elaze lisale lize. Ngasekuqaleni kwezinsuku zokumbiwa kwegolide, umhlabathi namatshe ayembiwa uma kukhishwa igolide ayethululelwa ngaphezulu enze izindunduma ezazikhula njengamakhowe khona maduzane nezimayini okwakusetshenzwa kuzona kanye nezinkambi namahostela okwakuhlalwa kuwona. Kwakungakabi yidolobha ngaleso sikhathi. Kwakungumphakathi wabahlwayi, nabahambi ababehlupheka kodwa begcwele ithemba. Kwakunumphakathi okhulayo ongowesikhashana owuwufuna ukumba igolide masinyane ukuze ukwazi ukwanelisa inkwankwa yabezizwe zomhlaba. Igolide *kwakuyinto yamanje*. Ukuthuthuka nenqalasizinda kwakulandela ngemuva ngamacozozozu. Ukuhlela kwakwenziwa kamuva. Izimayini ezazibonakala ngezindunduma zothuli olwalukhula eduze kwazo, zazakhiwa buhliphihliphi lapho kutholwa khona igolide.

Okumangazayo ukuthi iGoli alizange lithole ukuvumbuka komnotho wesikhashana okwakwenzeka kwamanye amadolobha ayenezimayini. Imboni kanye nedolobha-kwakhombisa impilo ende eyayingalindelwe muntu. Izimboni ezinkulu zegolide zenza iNingizimu Afrika yaba yimboni enkulu yomhlaba yokukhiqiza igolide kwaze kwafika eminyakeni yawo-1990. Umnotho wangaphansi komhlaba wayishintsha indawo—eyayikade iphila abantu bokudabuka iminyaka eminingi eyedlule, kwase kuthi iqembu labalimi bokufika lawugogosela ngokungesabi umhlaba—laze lagogosela idolobhakazi elikhulu lase-Afrika. Yize noma imboni yegolide yayinamandla kodwa idolobha lalingabhekile izimayini kuphela. Inzuzo yiyona eyakhulisa imboni yokwakha namabhange, okuyizimboni ezibalulekile ekukhuliseni umnotho. Ngesikhathi ziya zincipha izindawo okutholakala kuzona igolide, idolobha laya ngokuya lidlondlobala, ngokudonsa abasebenzi abavela emazweni e-Afrika kanye namabhizinisi amazwe omhlaba.

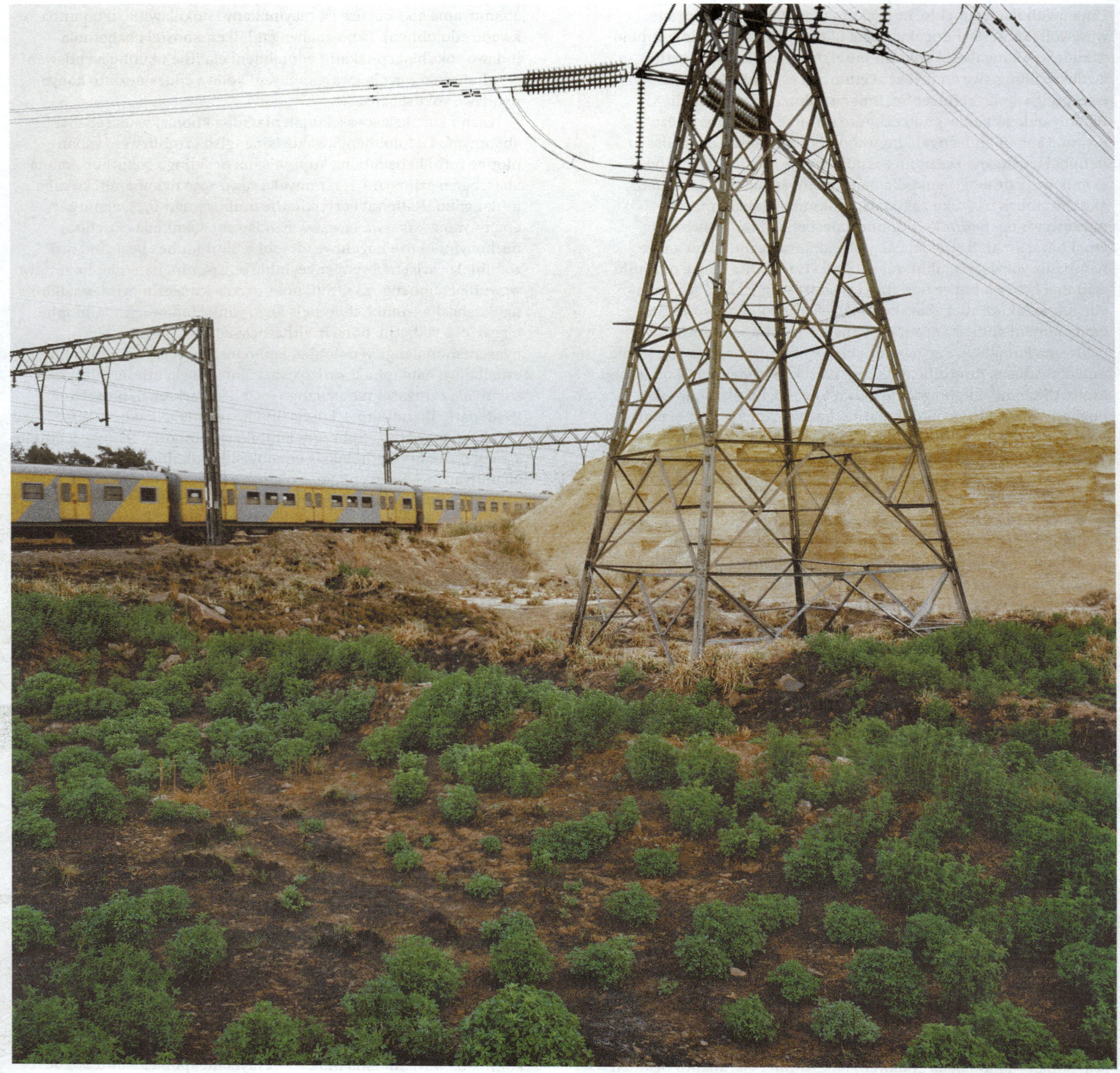

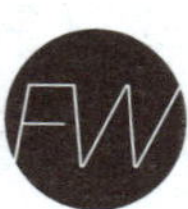

Emuva Kwezintaba Zegolide

nguJason Larkin

Fourthwall Books, 2013
ISBN 9780987042934

Indaba ibhalwe nguMara Kardas-Nelson
Ihunyushwe nguThandiwe Nxumalo Kunutu

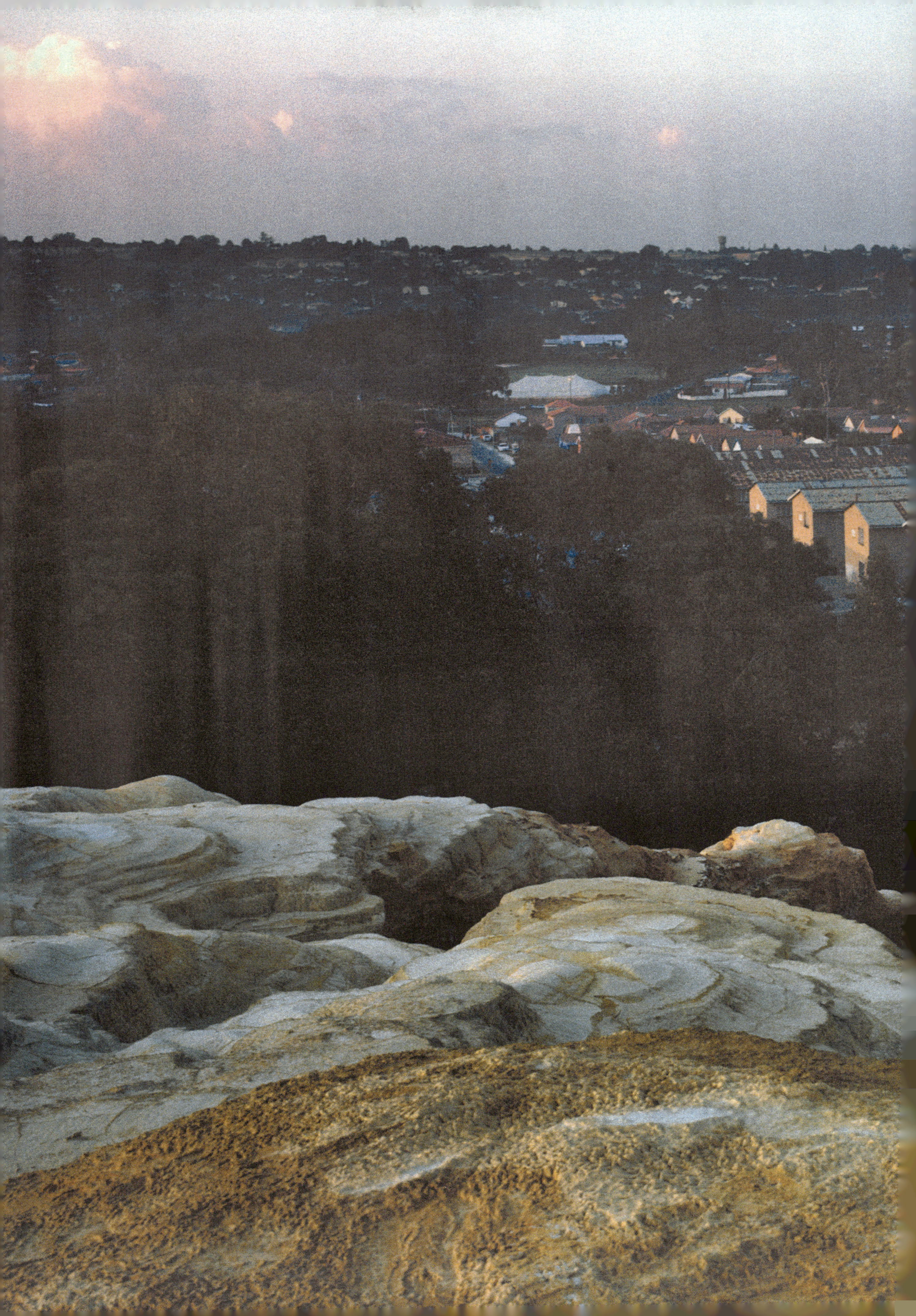

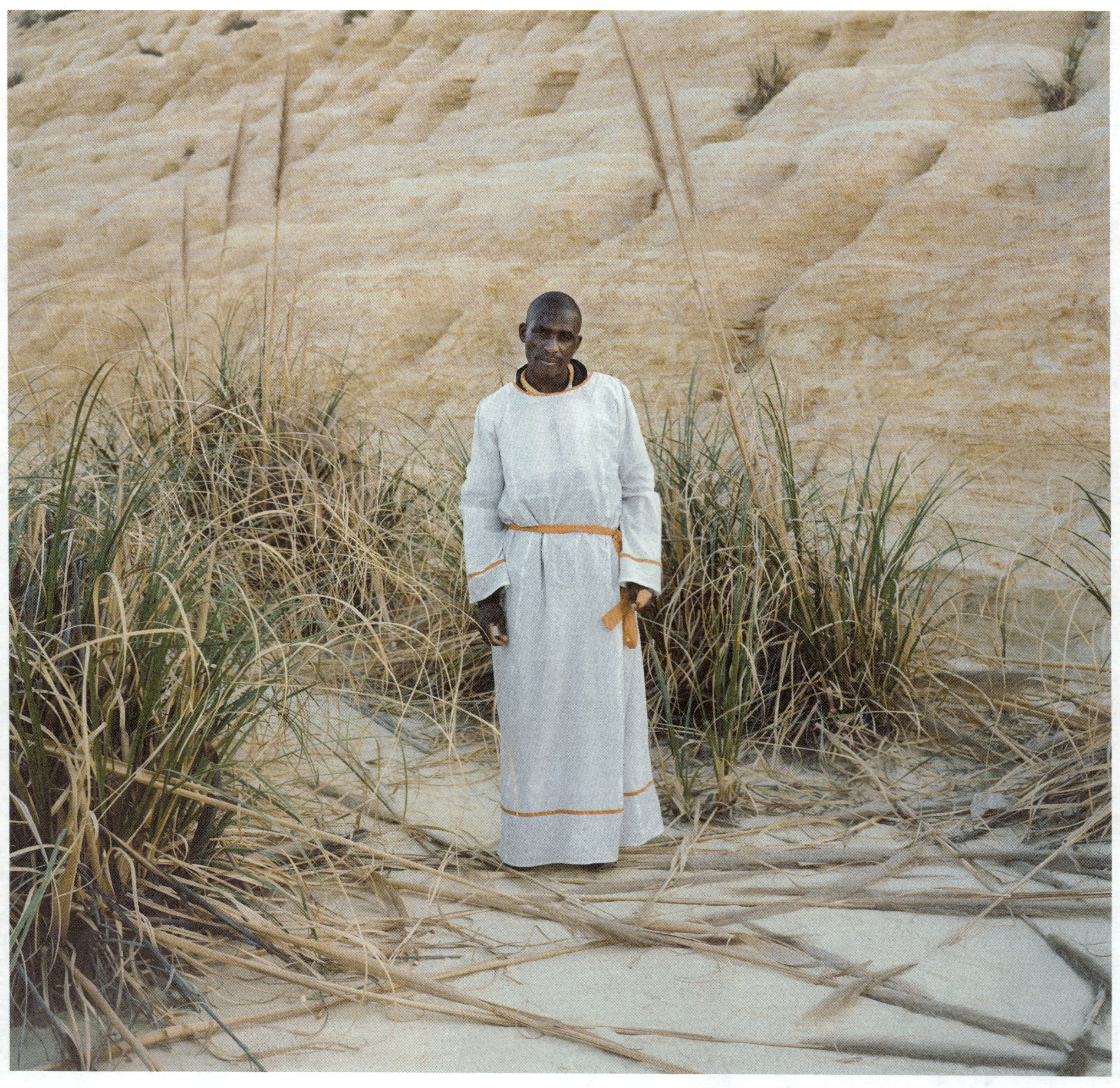

UMike Dwjela, waseZimbabwe uyathandaza endundumeni eseduze nendawo yakhe
yomsebenzi. Ube lokhu eza kule ndawo ethulile zonke izinsuku eminyakeni emibili eyedlule.
  Ukuphuma kumgwaqo uThird nomgwaqo uSide, West Turffontein, Johannesburg

Mike Dwjela, a Zimbabwean, prays on a dump close to his work. He has been coming to this
quiet spot everyday after work for two years.
  Off Third Road and Side Road, West Turffontein, Johannesburg